李華驎、孔繁華 著

公司的品格 2

從本地個案看懂台灣公司治理，
拆解上市櫃公司地雷

contents

推薦序

以巴菲特視野，
將繁複觀念化爲常識性論述

陳冲

接到編輯部寄來的初稿，恰好是華倫‧巴菲特在CNBC發表常識性公司治理原則（Commonsense Principles of Corporate Governance）的後一日。巴菲特不讓OECD新版（2015）公司治理原則專美於前，結合十三位金融領袖，經過一年多時間的討論，提出公司治理的建議，冠以「常識性的」形容詞，顯然巴菲特認爲許多治理原則應該是「理所當然」，不過要注意，十三位金融家都是經驗豐富、歷經波濤，他們的「良知良能」，一般人不宜輕易當作「常識」。不過本書作者頗具巴菲特的視野，能將繁複的公司治理觀念，化爲常識性的論述，對想一窺治理堂奧的讀者，大有助益。

單純使用public information（公開資訊），竟能先後寫出《公司的品格》及《公司的品格2》兩本書，就可看出作者敏銳的觀察力與歸納能力，確有異於常人之處。由此可見，以往在法律上要求上市櫃公司對業務、財務資訊的公開，的確有其效果。作者與我是忘年之交，常就資本市場問題分享看法，誠如作者所稱，彼此觀點有時並不盡一致，但對公司治理的重視，卻不相上下。

本書是作者又一成功作品，有幾點小觀察必須提醒讀者：

1. 彰銀案中，提到2001年政府有「258」的第一次金改，這是一個常見但易造成誤導的名辭。因爲台灣早在民國69年（1980年）即開始利率面的金融改革，其後歷經業務面、新券商、銀行及保險公司開放，無一不是金融改革的重要篇章，及至2001年有所謂的「第一次」金改，無非是政治語言想要創造前無古人的印象罷了，讀者如眞要了解台灣金改歷史，對此應有認識。

2. 同一案件中，也提到財政部2005年7月的公告引發不少金控的興趣云云。事實上除了被邀的四家機構外，其餘金控或銀行均不知悉7/21的公告，財政部的意向是在7/22投標前一日才發函予彰銀轉知，如果當時財政部提前兩個月即公告周知此一優渥的條件，或於7/21停止招標，依新條件重發英雄帖，也許結果會大不相同。

3. 在前後兩本書中，作者對內線交易都有著墨，也展現他敏銳的觀察力，建議可以考慮在第三本書中（看來是欲罷不能），就「證券交易法」第157-1條的構成要件進一步蒐集案例，讓讀者了解現行條文中，立法者添加一些可讓律師發揮的空間（例如：「實際知悉」、「消息明確」的要件），而司法者對「消息成立」又太執著於文義的表面解釋，以至於忽略消息乃至交易對市場信賴的實質影響，也失去法規原來意旨。

小疵不掩大瑜，更何況以上所說根本不算「疵」，樂見
Russell又一新作問世，幸能先睹爲快，爰樂爲之序。

（本文作者爲東吳大學法商講座教授、前行政院院長）

推薦序
投資人趨吉避凶的必備工具書
唐樹萬

敝人與孔繁華教授共同創立及延續中華策略管理會計學會（Institute of Management Accountant, Taiwan：IMAT），因而相識及共事多年，本書由孔教授與財經部落格「RusRule」格主李華驎（Rus），從公司治理的角度，以台灣上市櫃公司為案例，剖析公司治理實務上未盡之處，進而探討台灣資本市場，該如何建立安全遊戲規則，使投資者安心，進而吸引國際價值性投資資金，以尋求永續發展。

公司治理Corporate Governance的意義，可說是一種外部人或主管機關要求經營者健全公司制度的模式。2002年安隆案之後，美國針對公司治理出爐了許多監管制度與對公司資訊揭露要求，對於白領犯罪或是會計師的責任等議題也有了更嚴厲的處罰和規範。從安隆案後，美國政府及投資人針對上市櫃公司的態度，從傳統的讓公司經營者創造公司最大利益並與股東一同受惠。漸漸轉化為要求經營者釋出更多的權力，公開公司資訊使其透明化，讓公司外部人得以參與及監督公司經營，以避免重大弊端的發生。

同時美國商業事務部（如經濟部）下設有商德諮詢委員會（BEAC: Business Ethics Advisory Council），也明訂下列各項領域，需要企業自我評估其商德情況：

1. 一般人員對商德相關問題的了解。

2. 對政府法令的遵行。

3. 對利益衝突的解決。

4. 對交際應酬和招待的處理。

5. 和客戶及供應商間收受贈送禮品的關係劃分。

6. 社會責任的履行。

　　誠如作者所言，台灣政府單位一向主張企業制度要與國際接軌，2004年爆發台版的安隆案──博達下市之後，也開始積極推動公司治理。只是迄今推動了十多年，似乎成效不彰，如最近甚囂塵上引起軒然大波的樂陞案可為例證。

　　作者在書中提到，在美國推動公司治理的最大主力是大型投資法人，因為小股東如同散裝遊擊隊，大股東則是持有鉅額股數如同重裝軍團調度不易，所以大型投資法人當然會要求公司制度健全、資訊透明及財報可信度，並以此為其首選。本書援引的個案也代表作者的建言，期許證管單位首要工作，應該以健全公司制度俾能良善治理，讓所有投資者都能安心永續投資，進而吸引國際長期投資進駐，才是台灣資本市場之福及長期發展之道，這也是作者書寫的中心思想。

　　總括來說，個人認為本書是所有公開發行上市櫃公司每位專業／業餘投資人、董監事會、高階經理人，及企管顧問必備的工具／參考書。藉由本書的應用，投資人可以趨吉避凶、汰蕪存菁，發現真正有價值的標的公司。這是一本培育投資人，及上市櫃公司「對的基因」的好書，謹此誠摯向業界先進賢達

推薦本書。

　　最後，容小弟引用《聖經》箴言第四章14節「不可行惡人的路，不要走壞人的道」，以及15節「要躲避，不可經過，要轉身而去」作為結語和大家分享。看一家公司是否有優質的公司治理，去看它的外部董監名單及其更迭異動資訊，即可了然於胸。良善的外部董監，除了自己要有對罪惡的高敏感度，也要有危機意識。絕對不要『主動』走進罪惡的誘惑中，不沾染惡道，就不會同流合污，尤其要有壯士斷腕愛惜羽毛的公義與道德。罪惡的道路要刻意避開，連經過都不可，因為深知罪的可怕，其吸引力和傳染性讓人難以抗拒，但其後果更是難以收拾，在心理上先有厭惡和抗拒，就不願意去沾染污穢，自然就能遠離罪惡。古聖賢有云：「危邦不入，亂邦不居。」就是這道理。若知悉一家公司的良善外部董監事掛冠求去，但凡投資人皆要避之唯恐不及阿！

（中華策略管理會計學會理事長及CMA, CFM, CIA, GPHR, MBA）

推薦序
從本書個案看到制度缺失，找出改變的契機

綠角

　　《公司的品格 2》延續上一本《公司的品格》寫作風格，從一個接一個的個案討論，讓讀者實地瞭解公司治理的意涵與重要性。

　　為什麼台灣的企業集團常以財團法人做為核心持股機構？譬如，台塑體系中的長庚醫療法人，長榮集團中的張榮發基金會。原來基金會有董事容易掌控，不易解散、租稅優惠等好處。財務報表揭露方面，更只有醫療法人與私校，需有每年一次會計師簽證後的報告。

　　財團法人原有公益性質，這也正是為什麼政府給它稅務優惠的原因，但現在財團法人已經變成企業主為自己圖謀最大利益的工具。譬如，財團法人受到營利事業的現金捐贈，可以用於購買該公司的股票。也就是說大老闆可以請公司以捐助公益之名，捐錢給基金會，再請基金會拿錢買公司的股票。而由於基金會是由大老闆控制的，基金會手上持有的股權自然是支持老闆的。這等於是由全體股東出錢，讓老闆鞏固經營權。

　　作者的文字有個特點，他不訴諸於針對個人或個別公司的批判，說他們貪婪、鑽漏洞等。他把討論提升到更高的層次，

帶讀者看到是制度出了哪些問題，才會形成這些漏洞，以及提出可行的解決之道。有時甚至也會討論形成這些漏洞的可能背景環境，例如為什麼台灣法令不嚴格要求非營利團體都有要公開財報呢？

作者請讀者思考，台灣的政黨、宮廟、各協會、私校等，主要的負責人都是誰？財務透明的話，要如何上下其手撈錢呢？

書中另一個個案討論提到威強電。這家公司在 2014 年三月底，將之前已經公布的 2013 全年營業收入下調 31%，而這家公司剛好從 2014 年一月開始，就開始出現營收大幅成長的訊息。當時，市場上許多投資人與分析機構也因此看好威強電股票，股價從每股 41 塊漲到 68 塊。而在營收大幅向下調整之後，公司股價也被打回原形。威強電的解釋是會計人員對於孫公司——谷濱的營收錯誤認列才造成此事，但時間上的湊巧之處，不禁讓人有許多懷疑。

台灣上市公司從每年第三季季報結束，要到隔年三月底才會看到經會計師查核的年度財務報告。這六個月的期間是財報空窗期，也有人稱「吹牛季」，有些公司會利用這段期間吹噓公司的前景或將營收灌水。威強電因為這個事件被證交所裁罰 20 萬元。假如真是公司刻意的結果，操弄股價上漲所拿到的好處遠遠超過罰款金額。

針對上市公司侵害股東權益，台灣是由投資人保護中心幫投資人進行股東集體訴訟。政府對人民的保護心態，是否形成

對犯罪者更大的壓力,對股東權益的更佳保障。看完了書中的討論,真是讓人不勝唏噓。

不論政府或民間,提振經濟與活絡股市,可說是沒有異議的共識,但討論往往就侷限在一些表面的措施,譬如寬鬆貨幣、匯率控制、不能課稅等。不過,對於公司欺瞞或傷害投資人的行為,對於這些公司沒品的作為該如何從制度面上防治,卻缺少相關討論。每有事故,不論是掏空、營收作假,都是以個人因素解釋。一時之間,大眾與媒體氣憤填膺的口誅筆伐,然後呢?然後就彷彿沒什麼事。事過境遷之後,制度與環境仍沒有改變,等下一顆未爆彈爆炸。

這本《公司的品格 2》不僅讓讀者看清公司會做出那些沒品的行為,而且更明白指出改變的契機。健全的制度,才是市場與經濟發展的良方。

(本文作者為財經作家)

作者序
什麼是公司治理？

李華驎

「算了，我輸了，你們贏了，這是我的第二本書！」

這句話是我寫上本書時，在書店亂翻看到某作者第二本書的序這麼寫的。原因是這位作者實在不想出第二本書，但禁不起讀者的苦苦哀求，逼不得已只好就範。這般等同「不爽不要買」的霸氣宣言，真是讓我深感「大丈夫亦當如此」。尷尬的是，我的第一本書都出二年多了，也賣了一萬多本，但偏偏就是沒有人來苦苦哀求我出第二本書。「算了，我輸了，你們贏了，這是我的第二本書！」

拜編輯的苦心塑造，我的上本書有個非常「大義凜然」的書名——公司的品格！或因如此，不時有人喜歡問我一些大義凜然的問題，例如，該如何提升我國上市櫃公司經營者的誠信？呃～同學，你知道自己的國家自己救，那自己的作業呢？另一個常被問的問題是：「公司的品格，這個名字是怎麼取的？」嗯，出版社取的，說真的，如果我自己在書店看到這種名字的書，應該連翻都不想翻。這本書和上本書的主題是一樣的，透過發生在台灣的實際案例，討論一個你偶爾會在財經媒體或教科書上看到的名詞——公司治理。

和「台灣之光」一樣，公司治理是個近年來很浮濫而且被濫用的名詞。只要有經營權之爭，通常市場派指責公司派的理

由就是公司治理不佳，講得好像台灣社會真的很重視公司治理一樣；甚至只要公司出了什麼問題，還是股價莫名其妙地下跌害投資人套牢，媒體就說「很明顯地，該公司的公司治理出了大問題！」奇怪的是媒體這麼寫，大家也就點頭稱是，這就像醫生告訴病人，發燒的主因是你的去氧核醣核酸反應異常，病人還能感同身受地說，沒錯，我真的覺得我的去氧核醣核酸最近怪怪的。神奇的是媒體從來不解釋，大家卻像是早就知道，彷彿公司治理已經是台灣人的去氧核醣核酸一樣！

　　師爺，你給我翻譯翻譯，什麼叫公司治理？

　　公司治理是英文 Corporate Governance 目前最普遍的翻譯，不過這應該只是個比「科普瑞　加門能斯」好一點的翻譯，因為就像總統該如何治理一個國家一樣，治理很容易讓人誤以為是在談一個公司的老闆該如何經營一家公司，但從 Governance 的意義來看，其實同時有監管和治理的意涵，也就是除了要求公司（特別是針對上市櫃公司）健全自我制度外，其實有更多是公司外部人或是主管機關要求公司揭露和被管理的意味存在。簡單地說，公司治理就是一種外部人或主管機關要求經營者健全公司制度的模式。
　　為什麼外部人和主管機關要找公司的「麻煩」呢？你翻開公司治理的相關文章幾乎開頭都會提到一段話，意思大致是公司治理這個理論出現很久了，但在恩隆案（Enron）後才開

始普遍受到各國重視，美國還因此通過了一個「沙賓法案」（Sarbanes-Oxley Act）加強對上市櫃公司的監管，自此公司治理成爲世界各國共同關注的焦點。

　　爲什麼一個恩隆案可以讓公司治理變成顯學？恩隆在出事前一度是美國市值第七大（也有說第九）的公司，我查了一下台灣市值第七大和第九大的公司分別是台灣化纖和富邦金控，和恩隆差不多時間出事的還有美國第二大長途電話公司MCI WorldCom。你可以想像一下如果台化和台灣大哥大突然無預警的倒閉，死的最慘的人會是誰？不見得是你以爲姓王或姓蔡的人，事實上不管是恩隆或是富邦金控這種規模的公司，最大的股東都是專業投資機構（包括信託基金、退休基金和投資法人），更別說銀行端還有鉅額的借款。拜恩隆的快速倒閉所賜，這些人在慘重損失之餘突然領悟到了二個非常簡單的道理：第一，並不是會計帳上賠錢或財務有問題的公司才會倒；第二，投資（借錢給）一家公司，股票會不會漲，公司賺不賺錢是一回事，但公司會不會倒卻是另一回事。因此在進行所有決策之前，都要先考量一個最基本的觀念：那就是先確保這家公司不會倒。

　　別搞笑了，這麼簡單的道理集一堆天才所在的華爾街怎麼可能會不知道！沒錯，這個道理大家不是不知道而是輕忽了，讓他們輕忽的原因是他們過於相信原有的制度，他們相信美國的證管會（SEC）有詳盡的法條規範所有上市櫃公司；恩隆董事會超過一半是獨立董事，其中包括前期交所主席和史丹

佛大學前商學院院長兼會計系教授,會幫大家把關;更別說當時幫恩隆簽證的還是全世界最大的會計師事務所——Arthur Anderson,這些保證再加上恩隆的規模和屢創新高的財務數字,讓一切看來都很完美,所以投資人和分析師只要專注公司基本面、營運前景和一些技術線型指標等買進賣出訊號就可以了。

結果呢?從2000年的8月起,恩隆的股價從一股90元在三個月內跌到剩0.12元,所有人的美夢頓時破滅。

我想寫一個慘字～

到頭來大家才發現事情和原本想的不太一樣,美國證管會的人力和能力很有限,規範很制式,有心者當然可以從中鑽漏洞;看似獨立的董事除了很多是老闆的「Golf Buddies and Classmates」,不少獨董其實業務上和恩隆有往來或是接受公司的贊助;更慘的是大家認為最專業和獨立的簽證會計師,基於自身利益,不但知情還協助恩隆高層掩蓋事實,就如同台灣的食安問題一樣,一時之間大家都相信的制度霎時崩解。因此,在恩隆案之後,美國針對公司治理出爐了許多監管制度與對公司資訊揭露要求,對於白領犯罪或是會計師的責任等議題也有了更嚴屬的處罰和規範。簡單地說,從恩隆案後,美國政府及投資人針對上市櫃公司的態度,從傳統的「他好 我也好」(補腎藥品廣告詞),認為只要讓公司經營者與股東利益

一致下（即所謂的「代理問題」），公司經營者就會努力創造公司最大利益並讓股東同等受惠。開始轉化為要求經營者必須釋出更多的權力與公司資訊透明，讓公司外部人得以參與及監督公司經營，以避免重大弊端的發生。

　　至於台灣，除了政府單位一向沉迷的所謂「與國際接軌」——深怕台灣一旦和國際不同制度，到時國際評比就會忽略台灣而失去國際能見度外，另一方面在2004年爆發台版的恩隆案—博達（事實上從1998年起台灣就爆發一堆公司舞弊案件），因此在2000年初期亦開始積極推動公司治理。只是迄今推動了十來年，大家的感覺就和台灣的經濟一樣，數據告訴你一直在進步，可是大家就是感受不太出來到底進步在哪裡？

　　之所以會這樣，其實和台灣大環境先天不足及後天失調有關。所謂先天不足的主因在於台灣大老闆的心態，台灣企業發展歷史並不久，不少企業還是第一代或第二代掌舵，一方面經營心態上仍是側重效率，認為所謂的監督都只是找公司的麻煩，更糟的是很多老闆即便公司上市櫃了，心態還是「朕即天下」，根本沒有公司是與股東共有，應該對股東負責的想法。所以才會有每次股東會或經營權之爭時拚命撒錢要委託書，而一旦委託書到手對股東就是「射後不理」。也因為這樣的心態，影響了後天的失調——政府失（ㄧㄤˊ）能（ㄨㄟˋ）。

　　原本政府推動一項制度應該有完整的規畫，但台灣由於「民意」凌駕一切，因此常常一項政策推動不受大老闆喜愛，於是受老闆控制的立委和名嘴就開始假民意和專業之名大肆批

評，瞎起鬨的媒體也跟著推波助瀾，結果大家罵一罵，主管機關就軟化了，改以「循序漸進」為由，不是退縮就是作半套，然後再被這些立委和名嘴嘲諷：「你看，我早就告訴你這個制度有問題，還是恢復1904年依大清律例成立的監察人制度比較好一！十。這就像醫生開了藥叫你一天吃三包，結果你三天吃一包卻來幹譙醫生無能一樣，我不知道醫生是否無能，但你好歹要照醫生規定把藥吃了再來譙才對吧！

　　所以李嚴，我說那個醬汁呢？

　　事實上，台灣推行公司治理莫名其妙的地方還不止如此。從美國的例子來看，推動公司治理最大主力來自大型投資人，不難理解，因為小股東持有個幾百幾千股看看苗頭不對就落跑了，可是大股東持有幾百幾千萬股，出了事「腳麻去，是要怎麼跑？」所以當然會轉而要求公司制度健全、資訊透明及財報的可信度。可是身為公司治理的推動單位和持有台灣股票最多的台灣政府（包括官股持股、四大基金及公營企業持股），你看過幾家公營企業是公司治理良好的？你何時看過政府善用其持股要求被投資公司推動公司治理的？算了吧，只要政治力不要過度介入扯這些公司後腿就要偷笑了。作為大股東不去要求公司健全制度，反而成天宣導小股東要積極參與公司經營，不要拿委託書換紀念品，讓股東權益睡著了，這豈不是莫名其妙？

相對的，對小股東來說公司治理也不是什麼遙不可及的空中樓閣。這些年因為存款利率過低，不少人在鼓吹「存股」的概念，也就是固定買進好的公司股票並長期持有，還有不少人專精於研究上市櫃公司財報，想從茫茫股海中淘金。請想看看，如果你定期買進一家股票結果這家公司 10 年後倒了，最終你發現你分析了半天的公司前景和財報都是假的，你會不會很幹？當一堆名嘴高談是稅太高讓台灣股市成交量下滑時，請你靜下心來想一想，看～如果真是這樣，那歐美股市不是早該關門子嗎？到底是什麼原因讓台灣投資人對自家資本市場失去信心？如果你 30 歲就陽萎，你到底是該檢討生活作息多去運動，還是吃威而剛，一顆不夠就吃二顆？作為一個投資人，你認為現階段政府該做的事是減稅，吸引一些短進短出的投資者，還是應該健全公司制度讓所有投資者都能安心長期投資，進而吸引國際長期投資資金？是該讓制度漏洞百出、規範鬆散，讓上市櫃公司老闆炒股掏空比經營公司更好賺？還是應該建立健全的遊戲規則，要求這些老闆們能專心經營公司，不要成天搞些狗屁倒灶的事？到底哪一個才是台灣資本市場的長期發展之道？

最後，在本文篇幅失控前還是簡單談一下本書特色，本書延續前一本《公司的品格》模式，同樣以台灣本地實際發生而且還存活的公司案例來探討台灣公司治理問題及提供相關建議。相較於上本書，除了以不同公司個案討論不同議題外，本書約略不同之處有二：第一，本書多加了一些「美國是怎樣處

理這類問題？」的鄉民提問。這是因為我發覺台灣很多名嘴和民代很擅長「點出問題」後拚命幹譙，然後……就算了！大家都罵的很爽卻沒人願意談問題解決之道，例如之前照三餐罵的慈濟財報事件就是如此。請問台灣有類似問題的財團法人只有慈濟嗎？事情過了一年多，針對這類問題台灣又改變了什麼？或者這一切就只是成就某些名嘴的「公平正義」形象？如果我們期望台灣有所進步，要改變的是慈濟的財報？還是應該建立一套完整的制度來規範所有（或重要）的財團法人？我不是財團法人專家，我也不想假裝是這類專家，但至少我能做的就是告訴你美國是怎麼處理這類問題的，希望對於只會攻擊個案而不求從制度面解決問題的台灣能有所幫助。

　　第二，相對於第一本書，讀者可能會發現這本書的筆法酸多了詼諧多了。會有這樣差別，主因是上本書設定為教科書，因此寫作筆法偏向正經嚴肅，~~不過反正老師又不可能叫學生買二本教科書，~~不過我認為公司治理應該是個超脫課堂之外的議題，所以我將這本書寫得更有趣一點，~~希望能多賣一點，~~希望能引起更多讀者的迴響。當然，我猜一定有人認為文章中畫刪除線的文字才代表作者真正的心聲，呃……反正是你花錢買書，你愛怎麼想就怎麼想吧！

　　應該是最後，如同多數的書，一本書的完成有著許多要感謝的人。首先要謝謝東吳大學的陳冲教授，本書中〈你不知道的控股神器——財團法人〉以及經典案例中的〈五鬼搬運與金

蟬脫殼〉都是受陳教授的啓發而來。除此之外，在撰寫內線交
易及台新金與彰銀的拖棚歹戲時，由於涉及不少法律規定，經
常一Google下去跑出滿坑滿谷的資料不說，不少論點還相互
矛盾讓人不知所以，這時另一項利器—— Chungle躍然而生。
Chungle回應時間雖然比不上Google，但答案精準而且經常是
連立法意旨和修法沿革都一併回答了，對於我這種半調子的
公司治理專家來說，Chungle眞的要比Google好用多了。不過
Chungle，哦，我是指冲哥，雖然對本書相關議題有不少啓發
及協助，但書中論點均是來自作者自己想法，與陳教授並非全
然一致。

　　同樣的，我也不是法律專家，書中相關法律規定多是請教
我的國中同學——地方法院的郭法官，藉由與郭法官對談也帶
出本書中「內線交易究竟是利大罪輕，還是利不及罪」這個議
題。不過法官大人爲人低調不喜曝光，所以請大家千萬不要用
我的年紀、「政大」和「道明中學首屆國樂班」這些關鍵字去
肉搜他。

　　另一位要感謝的是中華公司治理協會的謝靜慧祕書長，多
虧她帶我去訪談一家我上本書冠上「荒謬」的公司，又一起聽
了快一小時的靈魂出竅大戰蜘蛛精的故事，才意外多了「不給
糖就搗蛋的股東會」這篇教案及後續的鄉民提問。也因爲她每
年都邀請我參加中華公司治理協會的年度高峰會，我才明白明
明我覺得《公司的品格》是本很正經嚴肅的書，怎麼會大家都
覺得很有趣？絕對不是因爲我們的學者專家把這個議題搞得太

~~無聊之故~~

事實上，一本書的完成要感謝的人還很多，ptt-stock版和我blog的讀者依舊是我許多靈感的來源。其中我要特別感謝知名作者——總幹事黃國華先生，事實上早在上本書我就該感謝他，在最初沒有人要幫我出書時，是他的引介才有和圓神出版集團合作的機會，沒有什麼知名度的我在新書問市後，也是黃先生在個人網站大力推薦才讓上本書更廣為人知。但事實上我和黃先生根本不認識，而且慚愧的是迄今也未曾碰過面，這種素昧平生的仗義相助真的讓人感動。

真的是最後，我想談一下為何想寫這本書。雖然在幾場受邀的演講中，我常提及第二本書，但我其實從來沒有打算寫這本書。理由很簡單，寫書太累、投報率太低、我又不想紅、第一本書風評已經夠好，我沒有必要冒險。但去年一個變化改變了我的想法：我的父親過世了。在守喪的百日期間，除了追憶他的過往，我常在想我的一生有什麼事是讓我父親覺得驕傲的？在朋友眼中我最大的才華，很遺憾地就是我爸的才華，而且不管是考量時空環境還是絕對數字，這點才華我老爸都要遠勝於我。我想了想，或許可以讓他驕傲的，是我在他人生的最後一年出了一本風評還不錯的書，讓他一直好奇我的寫作能力是從何而來？是的，就是這樣的想法，在他的百日過後我決定開始重拾寫作，希望藉由這本書傳達我對他的敬意和懷念。

李延品先生，我的父親，高雄市立志中學和正義高中創辦

人。他是一個大時代的無辜流離者，也是造就一個家庭最偉大的父親。謝謝您！ 也希望您在另一個世界裡過著愉快的生活。

作者序

品格的內涵

孔繁華

　　本書延續前一本《公司的品格》以本地實際企業案例來探討台灣公司治理問題，並嘗試以更多元的角度來切入更廣泛的議題。近年來台灣當局一直致力於推動公司治理，從修訂相關法規、推動公司治理評鑑，甚至編製公司治理指數，認為這麼一來就可以引導台灣企業健全公司治理，進而提升競爭力，增進股東們的投資信心，吸引更多外資前來投資。但現實世界是，台灣的股民根本不相信政府這一套，覺得政府政策只是在作作樣子，企業也只是虛應配合，即便是外資也不太買單。為什麼會是這樣？事實上，我一直認為「沒有品格，公司治理只完成一半」，很多台灣企業在心態上都只是扮演著被動的法規遵循者，只要評鑑能得到高分與好排名，便認為這樣已算是實踐公司治理，也盡到該盡的責任。然而，企業要落實公司治理唯有形塑企業文化、價值與操守，內化為品格內涵。忽視公司品格之養成恐生更多的危機企業。

　　多年來，我在淡江大學會計研究所負責公司治理課程，發現相關主題對同學來說過於嚴肅，大部分內容若非太艱深就是牽扯繁雜的法條或準則，不易引起學生學習興趣。我嘗試把個案帶進課堂上的討論，讓同學可以經由分析個案與參與討論的過程，達到理論與實務連結。然而，大部分現成個案並非以本

地企業為對象且難以與本地商業環境與法規結合，也缺乏同學的共鳴，因此，我開始與華驎合作，著手撰寫本地案例。為了讓個案配合議題，我們將個案公司化繁為簡以聚焦於某一理論觀念，讓同學可以快速掌握公司治理的本質。在此過程中也讓我們開始有了把這些案例集結出書的想法，讓更多「非專家」能藉以認識公司治理這個議題。撰寫本書時刻意以輕鬆的口吻敘述這些案例，我們希望讀者能透過書中的案例了解公司治理的內涵與警訊，同時也能享受閱讀之樂。

個案 1

你不知道的控股神器
——財團法人面面觀

　　2015年1月，台灣多家財經媒體不約而同以「台灣最有權勢（錢）的女人」為標題介紹長庚醫療財團法人（以下簡稱為「長庚」）新出爐的董事長李寶珠女士。只是令人不解的是，長庚雖然是台灣最大的醫療體系，2013年全年營收超過500億元，但相較於同為女性董座且同一年度營收超過1,800億元的宏達電子，長庚仍差距甚遠，何以是長庚董座而非宏達電子董座為台灣最有權勢女人？若以掌控的資產來看，長庚持有超過3,300億元的資產的確遠勝過宏達電子的1,600億元，但問題是長庚屬性為財團法人，依現行法規其本質上是一個社會公益團體①，「理論上」它應該是屬於社會大眾的公益資產。曾幾何時，台灣社會已經演化到一個公益團體女性負責人可以成為台灣最有權勢女人？讓人不禁懷疑媒體只是為了吸引讀者而故意誇大其辭。

　　其實，台灣的財經媒體只說對了一半，李寶珠女士——已逝台塑創辦人王永慶的第三房遺孀，她不僅僅是台灣最有權勢

的「女人」，實際上她應該是台灣商場上最有權勢的「人」。因為在我國現行制度下，誰控制了財團法人的董事會，誰就控制了整個財團法人，而長庚又正是台灣最大製造集團──台塑關係企業的控股核心。換言之，長庚的董事長掌控的不只是檯面上看起來資產超過 3,300 億元的長庚醫療財團法人，而是總資產超過 3.2 兆元的台塑集團。

帶動醫療改革的先驅

　　長庚醫院為王永慶及王永在兄弟於 1973 年為紀念其父親王長庚先生，以各捐助 200 萬股台灣化纖公司股票成立②。原名為「財團法人長庚紀念醫院」，2009 年 3 月配合「醫療法」的修訂，更名為「長庚醫療財團法人」，一直沿用至今，為私人捐助興建醫院之先河。長庚成立時，台灣社會正值由農業社會轉型，醫療資源普遍不足，且多數為區域型小型醫院。王氏昆仲有感於當時台灣經濟雖然高速成長，但醫療體系發展仍相對落後，醫院普遍存有不少制度面問題，如醫院為了避免呆帳，往往要求病患住院開刀前需預先繳交保證金，造成不少窮困家庭因而錯失醫療機會，或是醫生薪資依年資採固定薪制計算而不以績效為導向，造成醫生追求本俸以外的收益，形成如紅包文化或是引導病患到自己診所看診等問題。因而決定透過結合台塑集團管理系統，強調將醫療專業與醫院經營管理分開，成立一間與眾不同的醫院，也成為各醫院借鏡的對象。

目前長庚醫療財團法人在中華民國境內共計有八個醫院、二個護理之家,以及長庚養生文化村,是台灣亦為東南亞規模最大的醫療體系。然而,長庚醫院在台灣評價褒貶不一,肯定者認為長庚將原本昂貴的醫療普及化,將醫管分工合治以革除傳統醫院的陋習;反對者則認為長庚過度商業化及績效至上,往往造成醫療資源浪費及醫療品質下降。特別是近年來長庚不斷擴增,排擠了小型醫院的空間,形成了醫療界的酷斯拉。

淪為集團控股中樞

抛開醫療問題不談,長庚另一項備受爭議的是其在台塑集團所扮演的角色。長庚由台塑集團創辦人王氏昆仲捐助成立,而如今卻又是台塑集團旗下四家主要公司:台塑、南亞、台化和台塑石化的最大股東(如表一)。再加上台塑集團旗下公司彼此間均密集交叉持股,等於誰掌控了長庚誰就幾乎掌控了台塑集團。是否王氏家族有以長庚這個公益財團法人作為家族控股中心之疑?如果真是如此,那豈不是公器又回到了私用?

非營利的公益團體卻持有營利目的上市櫃公司的相當股權,並非只有長庚—台塑這個案例。例如大同公司董監持股總計為7.2%,其中大同大學即占了6.1%。遠東集團的旗艦公司——遠東新世紀,主要股東包括有財團法人徐有庠先生基金會(亞東醫院)3.6%,元智大學2.7%,亞東技術學院4.8%,以及徐元智先生基金會2.99%等。這些公益團體普遍的現象

表一　台塑集團主要公司股東持股

公司名稱	主要股東持股比例	
台灣塑膠	**1. 長庚醫院**	**9.44%**
	2. 台化	**7.65**
	3. 匯豐銀行托管美林證券專戶	6.26
	4. 南亞	**4.63**
	5. 王永在	4.43
	6. 賴比瑞亞商秦氏國際投資公司	4.16
	7. 賴比瑞亞商泰順國際投資公司	3.05
	8. 台塑石化	**2.07**
南亞塑膠	**1. 長庚醫院**	**11.05%**
	2. 台塑	**9.88**
	3. 王永在	5.41
	4. 台化	**5.21**
	5. 長庚大學	4.00
	6. 賴比瑞亞商泰順國際投資公司	2.39
	7. 台塑石化	**2.26**
	8. 賴比瑞亞商秦氏國際投資公司	1.86
台灣化學纖維	**1. 長庚醫院**	**18.58%**
	2. 王永在	7.37
	3. 賴比瑞亞商秦氏國際投資公司	6.35
	4. 賴比瑞亞商萬順國際投資公司	3.80
	5. 台塑	3.39
	6. 南亞	2.40
	7. 聯合電力發展股份有限公司	1.63
	8. 渣打託管創世資本集團專戶	1.37
台塑石化	**1. 台塑**	**28.79%**
	2. 台化	**24.38**
	3. 南亞	**23.34**
	4. 長庚醫院	**5.51**
	5. 福懋	3.83
	6. 渣打託管創世資本集團專戶	0.60
	7. 中華郵政	0.59
	8. 匯豐銀行託管包爾能源專戶	0.51

註：王永在先生於 2014 年 11 月逝世，由於出版前仍未能取得王永在子女繼承後新持股比例，僅就現有資料陳述。

是：（1）原始捐贈者和所控股公司董事長爲同一人，或爲密切的親屬關係。（2）董事會多半和所控制的上市公司由同一家族主導。（3）與所控股公司多半有密切的關係人交易。

何以這些大企業要選擇用非營利組織來擔任家族主要控股工具呢？答案就在於我國現行法規對於非營利組織規範的不完善所衍生出的「特性」。

董事選舉方式與董事任期：由於財團法人沒有社員而以財產爲核心，董事會成爲最高決策單位〔一般社團法人（如公司）之最高決策單位爲社員大會（如股東大會），董事係由社員選舉產生〕。因此，誰能掌控董事會就等同掌控整個財團法人。依照財團法人董事選舉方式，第一屆董事是由原始捐贈者指派，但問題出在此後都是由上一屆董事提名並選舉下一屆董事，由於沒有法令限制下，導致許多財團法人董事終身執政，死而後已③。很自然地，這個財團法人也幾乎會被原始捐贈者及其家族長期操控，原本公共財之意形同空中樓閣。簡單地說，大老闆只要捐點錢出來成立財團法人，就有權指派自己人當董事，長期掌控整個財團法人，未來還可以傳給子孫，操作空間無窮。

尤有甚者，政治上常見 A 黨執政時，以達成特定目的爲由，從國庫出錢捐助成立財團法人，並指派相關人員擔任董事。待 B 黨執政後，該財團法人就以本身爲獨立運作之公益團體不應有政治力介入爲由，拒絕交出董事會權力。長期下來，

最終這個國庫捐助成立的財團法人反而成為特定人長期把持的禁臠，形成變相掏空國庫。

租稅優惠：除了為人熟知的個人（企業）捐款給公益團體可以抵減當年度所得稅外，由於財團法人具有公益性質，因此本身亦享有租稅上的優惠，包括免房屋稅、地價稅和營業稅。在最重要的所得稅部分，依所得稅法，財團法人只有在出售貨物及勞務所得要繳所得稅，因此造就了台灣不少財團法人拚命搞投資，以房地產賺租金，或是如醫院大搞美食街等創造免稅的業外收益。事實上，所得稅的優惠不僅於此，在行政院發布的「教育文化公益慈善機關或團體免納所得稅適用標準」中規定，只要該財團法人用於其創始目的有關活動支出不低於其每年生息及其他項收入60%，便具免稅資格，這也使得不少有錢的財團法人很熱中辦活動，或是如長庚拚命蓋醫院，多是為了達到免稅資格。

投資限制：不難理解，財團法人由於以財產為核心，因此對於財產的投資與運用都有相當嚴格限制，例如不能投資於高風險標的或是不能為其他單位作擔保等，甚至可用於投資的額度都有限制。但其中偏偏有一個漏洞，就是該團體獲得營利事業的現金捐助，可以回購該事業的股票（未上市櫃公司最高可回購80%，上市櫃公司更可回購100%）④。

　　不得任意解散：財團法人原本成立的宗旨就是希望鼓勵社會以捐贈財產來達到公益的永續目的，因此對於財團法人的解散和清算有很嚴格的限制，而且一旦宣布解散，清算後財產歸註冊當地政府所有。

　　財務報表揭露：由於財團法人形式各有不同，相關規定也散落於各法，並沒有一個統一的法令來規範⑤。目前現有法規僅針對私立學校和醫療財團法人要求每一年都要有會計師簽證並公告，其他則是依各地方政府規定不同，多半是註冊財產要一億元或年收入一億元以上的財團法人才要公告財務報表。但即便是公告，一方面一年只公告一次，另一方面許多會計科目分類並未統一，外人除了難以一窺堂奧，也很難從中進行同業比較找出問題⑥。

　　綜合以上大概就不難理解為何台灣許多大集團旗下都有基金會、學校或醫院這類型的公益財團法人。而且這些非營利組織往往還回過頭持有集團企業相當股份，因為這些團體除了有助於集團形象或是實質幫助集團（如醫院和學校）外，往往還是企業老闆鞏固經營權的神器。

以社會責任之名，行圖利私人之實

　　老闆可以自己捐錢成立公益財團法人，然後指派自家人

或親信擔任董事，再透過對自家公司董事會的影響力，以社會公益或履行企業社會責任為由讓公司捐錢給該財團法人，然後該財團法人再把同一筆錢100%回購捐贈公司股票。由於該財團法人由老闆自家人控制，該股權自然會無條件支持老闆，進而形成全體股東共同出錢來幫老闆鞏固經營權的迴異現象。此外，透過財團法人控股自家企業，再將子女安插至財團法人擔任董事。萬一大家長不在了，除了繼承人可以規避龐大遺產稅，並且仍享有控制公司的權力外，最重要的是，由於財團法人不得輕易解散的特性，等於強迫把所有繼承人都綁在一起。因為一旦家族鬧翻清算財團法人，所有財產都歸地方政府所有，藉此規避企業因為家族內訌而崩解。最後，由於財團法人缺乏監督與財務的不透明，因此主事者藉此進行利益輸送或掏空資產者時有所聞⑦，成為有心人自肥的利器。

結論

　　前行政院長陳冲曾說過，「法人」是近代文明最重要的發明之一，透過法律賦予一個目的人格，使其不受自然人生老病死的限制，可以永續實現其創設目的。由於台灣的財團法人均具有公益性質，因此在成立之初，政府即給予許多租稅優惠，目的即在於期望透過鼓勵私人參與及奉獻，來彌補現有公部門和私部門不足之處。理論上，當私人將財產捐贈予以財團法人的同時，該項財產即不屬於原捐贈者所有，而是屬於社會大眾

所有之公共財,也因此才能享有種種優惠。然而由於現行法規規範的不完整,財團法人反而經常成為財團或特定家族逃稅、規畫財產繼承,甚至成為不透明自利交易的後門,反而失去其原始公益目的之用意。

財團法人之監理一向不屬於公司治理的範疇,但從大股東利用對董事會影響力決策公司捐款給自家人控制的財團法人,或是憑藉著財團法人持股的支持,公司董監事往往不必真正高持股,一樣可以安穩掌控整個公司,的確可能因此形成管理學上的「代理問題」⑧,而提高了大老闆掏空公司的誘因。

傳統公司治理探討的都是企業內部制度及與外部關係人問題,正因台灣現行法令對財團法人規範的漏洞,反而讓這些企業外圍的灰色組織成為台灣公司在治理上的盲點,本章個案正是從監管財團法人角度,反思台灣企業治理問題。

✳ 公司治理意涵 ✳

✳ 分層管理全面透明

　　現行財團法人管理上最大問題除了數量眾多且分類繁雜（教育、宗教、醫療、社福等）（如圖一），主管機關根本無力全面監管；此外，由於財團法人的規模大小差距甚遠，如採高標準管制（如簽證財務報表），缺乏資源的小型基金會將無力因應；但如果採取低標準，對大型財團法人而言，根本無關痛癢。因此茲建議應採取分層管理之原則，一方面要求所有財團法人均應符合「財團法人法」的規範，另針對一定規模以上財團法人制定專法作更嚴格的監督與規範（仿效公司法與證券交易法的適用關係⑨）。較大的組織影響層面較廣，自然應適用更嚴格的規範；另一方面，無論財團法人規模大小，其財務報表均應要求強制公開，再藉由第三方公益組織進行追蹤評鑑（例如以統計分析的模式），揪出財務報表有疑慮的財團法人，進而讓主管機關可以達到事半功倍的效果（請參見本章末「鄉民提問：美國怎麼管理非營利組織？」）。當然啦，講這麼多，前提還是要擺爛的「利」委先願意通過發霉的「財團法人法」再說。看看台灣前總統、前前總統、前前前總統和現任總統，以及大大小小的政治人物名下都有至少一個以上的「公益基金會」專門用來⋯⋯咳！作公益，自然不難理解財團法人法為何會在「利」法院沉睡多年了。

圖一　我國法人分類架構

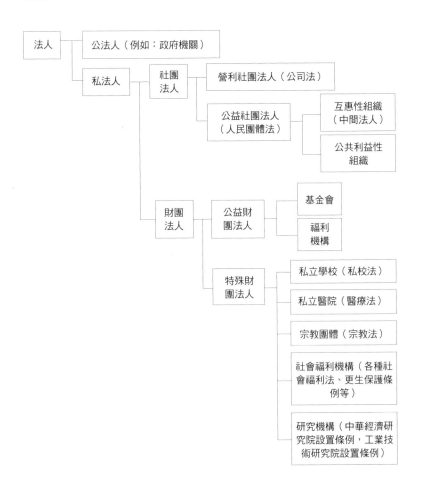

董事會改革

(1) **限制個別董事任期與年限**：財團法人既然有公益
性，就不能如營利事業一樣，個人董事只要擁有一
定股權就可以一直作下去。首屆董事由捐贈人指派
的用意，除了鼓勵個人捐贈，目的也在希望借助捐
助人的參與引導組織朝向原始捐贈目的前進。但現
行的選舉制度卻讓原本的私有財產只是換個公益的
帽子，實質上依舊是特定家族代代相傳的私產。目
前雖有部分法令對此作出規定，但多僅針對「全
體」董事連任次數進行限定 ⑩，固定的重要人士依
舊能持盈保泰地終身執政。相對的，照道理說當一
個公益團體存續愈久，原始捐贈家族的影響力應
該是愈來愈低才符合社會公共財的觀念。因此茲建
議，除了應限制財團法人董事間血親及姻親比例
外，更應限制「個別」董事的連任次數及擔任董事
總年限，並應隨著時間調降捐贈家族董事席次比
例。

(2) **引進監察人或獨立董事**：現行法規中財團法人並
無強制設立監察人之規定，是以如長庚一年營收高
達 500 億元，其規模不下於一家中大型上市公司，
但董事會中只有 15 席董事而無監察人。監察人在台
灣上市櫃公司中常有橡皮圖章之譏，但可以確定的
是，有監察人至少比沒有監察人好。建議應強制要

求財團法人設立監察人，或是比照獨立董事制度，引入獨立公益董事並賦與其相關權力與責任以提高財團法人透明化與財務報表可信度。

(3) **加強董事責任，揭露董事酬勞**：財團法人由於是公益性，多數董事也都只視爲榮譽職並不眞正介入日常營運，所以經常出了事，董事就以不知情或未參加實際運作爲由推脫責任。建議財團法人送交年度財務報表前，應要求所有董事簽名，等同要求其爲董事職責負起背書責任。此外，財團法人董事理論上爲無給職，但實際上卻常是以車馬費、交際費或研究補助等名義支領酬勞。仔細思考，公益董事就不能支領酬勞這個論點並不合理，畢竟有好的酬勞才能吸引好的人才，重點應該在於資訊揭露，讓外界得以了解其酬勞合理與否。

✳ 限制關係人交易

(1) **關係人交易迴避**：現行法規中對於財團法人投資限定，僅對投資比率作出規定及禁止財團法人投資高風險金融衍生性商品，但對於投資的對象與該財團法人之間關係卻無任何規範，因此造就了許多財團法人持有最多的股票就是原始捐贈者或是與現任董事具有密切關係的企業。如果該企業要捐款，首要的對象也就是該財團法人，當二者關係愈來愈密切

時，自然引發大眾對於關係人不當交易的聯想。關係人交易不可能完全禁絕，最好的解決方法就是充分揭露。除企業捐款時應揭露受贈對象是否具有關係人身分外，亦應提出說明選擇該財團法人捐款理由，並應揭示歷年對同一組織捐款紀錄以昭公信。對於接受捐助的財團法人，除應揭露關係人交易明細外，對於一定金額以上交易，關係人董事應有投票迴避機制。

（2）**限制股票回購比例：**現行允許上市櫃公司捐款給財團法人可以抵稅，而財團法人收到錢又可以100%回購該公司股票的作法，很明顯地形成一種租稅和公司治理上的漏洞。照道理說，公司要捐錢給哪一個財團法人和財團法人收到錢要投資哪一家公司，根本是二回事，而且事實上更應該是要規避瓜田李下之嫌，但現行法規卻是變相鼓勵此一情況，十分可笑。建議應將財團法人收到捐款回購原捐贈公司股票大幅縮減到50%以下，甚至應該將捐贈企業旗下關係企業一併納入考納。

（3）**限制投票權：**多數財團利用公益財團法人持有自家公司股票的目的，就在於利用對財團法人的控制權將其持股用於支持個人選任企業董事。此一作法並不合理，原因仍在財團法人資產理論上都為公共財，不應作為支持特定人士或介入公司經營權之

用。因此，最好的作法即是財團法人所持有上市櫃公司股票不得作爲公司董監事選舉投票。此一作法與 2014 年通過的「保險法」146-1 條修正案資金運用之限制類似，規範保險業持有股票不得具有上市櫃公司董監事選舉投票權，其立法意旨與財團法人相去不遠，認爲保險業資金主要來自社會大衆，不應作爲支持特定人選之用，故限定之。財團法人亦可考慮仿效此精神，杜絕大股東利用此後門作爲支持自己持股的公司。

註釋

① 我國「民法」雖未載明財團法人必然爲公益性質，但分屬各財團法人之相關法令或解釋令中均有説明該性質財團法人爲公益性。如醫療法中即有説明長庚所屬的醫療財團法人爲具有公益性質之財團法人。

② 王氏昆仲所捐贈之 400 萬股約占當時台灣化纖公司總股數的 25.7％，當時市值約爲 16 億元。

③ 王永慶與王永在均擔任長庚董事長直到逝世爲止。現行醫療法雖然限制每次連任董事不得超過三分之二，但並未對個別董事任期及連任次數作出限制，等同於少數董事席次依舊可以連任直到鞠躬盡瘁。

④ 依財政部台財稅第 40213 號函，基金可基於增加收益而投資於原捐贈營利事業的股票。

⑤ 攸關財團法人管理之「財團法人法」已在立法院躺了多年從未審查，目前各財團法人規範散落於如醫療法、私立學校法等。

⑥《財訊雙週刊》曾質疑 2013 年度各醫療財團法人財務報表，爲何規模排名第三的慈濟醫療財團法人管理費高達 21.92 億，水電費爲 2.56 億，遠高於

病床數約為慈濟三倍且規模排名第一的長庚醫療財團法人，認為其中必有弊端。後經慈濟發布新聞稿說明，二者差異在於長庚由於採利潤中心制，因此各科室相關費用都編於各單位營業費用之中，財務報表上僅列示管理中心相關費用，而慈濟採取依不同科目全部加總方式列示，是故造成慈濟部分費用遠高於長庚。由此可以推測醫療財團法人的科目歸屬與會計列帳方式尚不一致，自然也提高了各醫療財團法人財務報表的不可比較性。

⑦《財訊雙週刊》曾報導新光醫療財團法人以交際費名義支付新光金控董事長夫人私人擔任董事長的新光雅嫺公司 79 萬元，同時以人事費用名義每年支付新光人壽旗下大樓管理公司 3,000 萬元。國泰醫院則是明明有盈餘，仍向國泰人壽及國泰世華銀行借款 33 億元，並以其中 12 億元買入國泰金控和國泰人壽股票。秀傳醫療財團法人則是爆發董事長利用人頭設立公司，長期以每顆 5 元購入 A 藥品，再以每顆 12 元賣入醫院從中賺取暴利，再以此利潤回饋到秀傳醫療財團法人董事，而受到調查局約談。

⑧ 代理問題（Agency Problem）源於現代企業經營權和所有權分離下，若管理者持有股權不多時，基於私利之考量，可能作出不利於公司整體利益最大化之決策，進而損害股東之權益。

⑨ 我國公司組織不論規模大小，均須適用「公司法」，但對公開發行公司（中大型企業）則另依「證券交易法」進行更嚴格的監督與規範。

⑩ 目前醫療法規定，董事人數以九人至十五人為限；其中三分之一以上應具醫師及其他醫事人員資格。外國人充任董事，其人數不得超過總名額三分之一；董事相互間，有配偶及三親等以內血親、姻親關係者，不得超過三分之一。此外，董事任期得連選得連任，但連選連任董事，每屆不得超過三分之二。以長庚為例，董事席次共有 15 席，固定由長庚體系、王氏家族及台塑集團高層（社會賢達）各占三分之一，完全符合規定，但其實每次改選幾乎都是代表長庚與台塑席次董事在更換，王氏家族代表幾乎不動如山。

美國如何管理非營利組織？

　　還記得2014年延燒到2015年初鬧得沸沸揚揚的慈濟事件嗎？事情源起於台灣最大的慈善團體——慈濟基金會有意將所持有台北市內湖區大湖里4.48公頃的保護區土地申請變更為「社會福利特區」，引發環保團體和當地居民的大力反對。而後，在2015年2月某位醫管人員投書蘋果日報「慈濟要如何才能止謗」，文中指出慈濟新加坡分會可從其網站上查詢到該組織的年度報告及財務報表，其中年度報告由執行長簽名背書，而財務報告則由新加坡當地最大會計師事務所負責簽證。反觀慈濟主體所在地的台灣，僅能從「慈濟全球資訊網」中的「年度成果」最後一頁看到僅約半頁的財務報告，而且上面完全沒有會計師簽核。何以台灣和新加坡相差這麼多？本文經某教授於臉書轉載後引發軒然大波，自此輿論焦點從環保開發轉向討論財務不透明的問題，對於慈濟的相關批評也如排山倒海隨之而來。

　　對於以上的指控，慈濟發表聲明，表示該會每年度各項財務報表（含資產負債表、收支餘絀表、現金流量表及財務報表附註等）均依循相關法律規定及會計原則編製，並委託合格會計師查核簽證後送衛福部備查。除此之外，衛福部每隔三年還會委由外部會計師進行評鑑，而慈濟已連續九年取得優等評

鑑。換言之，慈濟認爲其內部運作一切依法辦理，外界的批評是對財團法人的運作不了解所致。只是令人不解的是，既然慈濟有完整財務報表也有合格會計師簽證，那爲什麼不像新加坡慈濟在網站上公開以昭公信？答案很簡單，因爲台灣的法令不像新加坡一樣強制要求非營利團體須要公開透明嘛！那爲什麼台灣不要求非營利團體須要財務報表公開透明呢？①咳～咳～在台灣舉凡政黨、私立學校、財團法人醫院、基金會及至宮廟等各式協會都是屬於具有「公益性質」的非營利組織，你想看看這些組織的負責人都是些什麼人？如果財務透明化了，你叫他們撈什麼？喔～不是啦，我的意思是要花這麼多時間作好會計，你要他們如何專心作好社會公益呢？

　　非營利組織（Non-Profit Organization，NPO）常被稱除了政府及民營企業以外的第三部門，原因在於民營企業是以營利爲目的，而政府有其限制性，因此民營模式又不以營利的目的組織就成爲跨越二者中間最好的橋樑，也正因爲如此，不少國家爲鼓勵私人與企業投入非營利組織，多給予其租稅上的優惠，台灣也不例外②。但現實中許多非營利組織隨著其規模愈來愈龐大，其伴隨的利益也愈來愈大，在沒有良好的監督下往往弊病叢生，例如美國最大的慈善機構——聯合勸募（United Way of America）在1990年代爆發執行長坐領高薪、貪瀆，並涉及多起性醜聞；中國的紅十字會則有2011年的郭美美炫富案，這些事件不但嚴重打擊社會大衆對公益組織的信心，更暴露出這些非營利組織監管的不足。

　　在聯合勸募醜聞後，因應社會大眾對非營利組織監管的要求，美國政府在 1990 年代開始訂定相關法規整頓與管理非營利機構，最主要的是把管理權交由國稅局（Internal Revenue Service，IRS）來主導。如此一來，一方面非營利組織若是不配合國稅局的要求申報，國稅局可以直接撤銷其免稅的優惠，另一方面國稅局本身有足夠的專業人才和資訊可以稽核這些組織的財務狀況，而透過對非營利組織收支的了解，國稅局又可以進一步去勾稽個人和營利機構的資訊。

　　從此之後，美國的非營利組織成立之初需先向國稅局填報 1023 表（Form 1023）取得免稅資格外，此後每一年還要填寫 990 表（Form 990）③向國稅局申報才能維持免稅資格。其中 990 表內容共計有 12 頁，除了要求申報該非營利組織資產、收入、支出外，還包括該組織中最高薪五位經理人的薪資與獎酬。特別的是自 2007 年後，因應美國政府推動公司治理，在 990 表中新增第六節「治理、管理與揭露」（Governance, Management and Disclosure），以問答方式要求申報機構回答該組織的治理情況，藉以督促非營利組織重視其組織治理。同時國稅局規定 990 表申報前須由董事會通過，也等同是要求所有董事都需為這份資料背書，不能以不知情為由規避其責任。此外，該組織亦不能拒絕社會大眾索取這項資料。

　　990 表最大的特色是所有申報資料都是採固定格式，等於對所有非營利組織所申報資料建立了統一的標準分類。如此一來，不但國稅局很容易追蹤統計，也自然衍生出一些專門蒐集

及歸納這些非營利組織歷年數據的資料庫（例如GuideStar），甚至是進而產生利用這些資料庫資料，對於非營利組織進行追蹤評鑑的機構（例如Charity Navigator）。最後，藉由這些第三方公正機構的長期追蹤與發掘問題，自然非營利組織也不敢亂來，社會大眾也能確保他們投入的捐贈能夠合理地被運用在公益事業上。

　　我們再回頭看看今天的台灣，政府對非營利組織的認定採取的是和元朝一樣的職業世襲制，只要一開始被認為是財團法人，那麼代代相傳都是社會公益事業。也沒人管到底這個組織創始意義為何？現在做的事和當初成立組織宗旨是否相符？除了學校與教育機構外，監管非營利組織的主要單位是衛福部。衛福部雖然每三年評鑑一次，但本身是否有專業能力和足夠人力就是個大問題。再者有關財務報表揭露，目前僅有財團法人醫院和學校每年需公告財務報表，雖然政府號稱相關會計制度已建立統一標準，但事實上似乎不是如此④，更遑言那些沒有被要求揭露的財團法人，相關財務報表又會有多少問題⑤。如果一個組織的財務報表根本無法反映其真實財務情況，那評鑑結果又有什麼意義？外部人即使拿財務報表作比較，自然也很難看出其問題所在。

　　慈濟事件鬧了大半年，看起來全民都很關心非營利組織的資訊透明問題，畢竟慈濟一年在台灣收受捐款近100億元，約占台灣全年整體捐款的20～25%⑥。慈濟善款來自大眾，自然有責任要向大眾揭露其財務情況，可是請你問問自己，在事情

過後的一年多，台灣還有幾隻貓關心過慈濟改革的後續發展？
在台灣一萬多個非營利組織中，類似問題只有慈濟有嗎？大家
逼著慈濟改革，那其他的呢？

　　面對重大的爭議，20多年前的美國選擇了從制度面去作
改變，訂定明確的規則要求全體非營利組織遵守，並透過標準
化的數據，由第三方獨立機構進行資料揭露與公眾監督，進而
建立民眾信心。反觀台灣對類似事件的反應，是不停地攻擊和
羞辱個案，然後……事情過了就算了。看看美國，想想台灣。
唉～難怪這些年美國發展會遠遠落後台灣。

註釋

① 目前僅強制要求醫療財團法人及公私立學校及教育機構公告財務報表及查
核報告書。

② 財團法人在台灣的免稅包括供業務使用的房舍及員工宿舍免房屋及土地
稅、銷售免課營業稅外，所得稅部分看似需對銷售勞務和貨物部分課所得
稅，但依行政院發布「教育文化公益慈善機關或團體免納所得稅適用標
準」其實有多項免稅條件。此外，一般為人所熟知的還有個人或團體對財
團法人的捐贈可以抵減所得稅。

③ Form 1023 全名為「Application for organization of exemption」；Form 990 全名為
「Return of organization exempt from income tax」。

④《財訊雙週刊》曾質疑 2013 年度各醫療財團法人財務報表，指出規模排名
第三的慈濟醫療財團法人的管理費高達 21.92 億元，水電費為 2.56 億元，
遠高於病床數約為慈濟三倍規模排名第一的長庚醫療財團法人，認為其中
必有弊端。後經慈濟發布新聞稿說明，二者差異在於長庚由於採利潤中心
制，因此各科室相關費用都編於各單位營業費用之中，財務報表上僅列示
管理中心相關費用，而慈濟採取依不同科目全部加總方式列示，是故造成

慈濟部分費用遠高於長庚。從此可以推測，於醫療財團法人的會計列帳方式，現行法規僅是作大原則規範，許多科目的歸屬應該尚不一致。自然也降低了各醫療財團法人財務報表的可比較性。

⑤《財訊雙週刊》曾揭露新光醫療財團法人以交際費名義支付新光金控董事長夫人私人擔任董事長的新光雅嫻公司 79 萬元，同時以人事費用名義每年支付新光人壽旗下大樓管理公司 3,000 多萬元。國泰醫院則是明明有盈餘，仍向國泰人壽及國泰世華銀行借款 33 億元，並以其中 12 億元買入國泰金控和國泰人壽股票。除此之外，秀傳醫療財團法人則是爆發董事長利用人頭設立公司，長期以每顆 5 元購入 A 藥品再以每顆 12 元賣入醫院從中賺取暴利，再以此利潤回饋到秀傳醫療財團法人董事，而受到調查局約談。

⑥ 行政院主計處曾於 2004 年統計台灣一年的慈善捐款金額約為 427 億元，此後由於未曾再作類似統計，因此確切數字不明。民間機構粗估目前台灣一年的慈善捐款應在 520 ～ 540 億元間。

個案 2
怎麼了？你變了！
說好的接班呢？

　　2016年1月20日台灣最大運輸集團——長榮集團創辦人暨總裁張榮發先生逝世，龐大的家產與旗下四家上市公司的經營權何去何從，自然引發關注。特別是張榮發共有二房妻室所生的一女四子①，且生前因為迎娶二房為合法配偶而與大房子女意見不和，檯面上雖有長子張國華擔任旗下長榮海運董事及三子張國政擔任中央再保險副董事長，但真正參與集團運作的僅有二房獨子張國煒，分別擔任集團副總裁及長榮航空董事長，集團接班會將所有權力歸於一人？還是如同傳言般「海空分治」，由大房掌海運，二房掌航空？張榮發遺產分配是否能讓所有子女心服口服，還是會因而引發家族內鬨？這些議題都令人注目。

　　2月18日在律師和所有家屬共同見證下，張榮發遺囑正式公開，張榮發以手寫遺囑及有四名見證人方式，宣布將名下所有財產全數由張國煒一人繼承，並指定張國煒為接班人並升任集團總裁，要求集團副總裁們要輔佐張國煒順利接班，及期望

「眾子女和孫輩們皆能和睦相處，互相照顧」。當天傍晚，長榮集團即發布公告「奉 總裁遺囑，自2月18日起，原長榮航空董事長張國煒，職務升任為長榮集團總裁兼長榮航空董事長，管理全集團國內外各公司事務一切」，但這紙公告卻引發大房的反撲，不久後亦透過集團發表聲明，表示集團繼承人之事仍在協商之中，並對張國煒片面宣布接任集團總裁及將遺囑公諸於世一事表示遺憾。兩房之爭似有「山雨欲來風滿樓」之勢！

　　2月22日長榮集團總管理部發布公告，宣布自即日起廢除總管理部，同時裁撤總裁職務，讓各公司決策回歸公司董事會。如此一來，大家才發覺雖然張國煒為張榮發的指定接班人，並依遺囑可以繼承張榮發多數的財產及股權②，但由於張榮發在生前已預做分家，在集團各主要公司及主要控股公司——長榮國際公司及海外的巴拿馬商長榮國際，這些公司的股權幾乎都由張榮發和四子平均分配下（詳表一），即便能順利繼承張榮發名下所有持股，張國煒在長榮集團主要公司的持股，依舊比不上大房三位兄弟的持股總和，在講求持股權的上市公司中，有繼承人之名的張國煒實質能掌握的股權卻遠不如大房，自然只能受制於人。

表一　長榮國際股權分配

主要股東	持股比例
財團法人張榮發基金會	28.86%
張國政	18.00
張國華	18.00
張國明	18.00
李美玉	7.41
張榮發	5.00
財團法人張榮發慈善基金會	5.00

註：李美玉為張榮發配偶，張國煒之母。

從海洋到全方位的集團

　　長榮集團核心公司──長榮海運由張榮發創立於1968年，主要從事遠洋貨櫃的航運，目前是台灣最大、全球第四大的貨櫃航運商。海運的成功讓張榮發將企業版圖延伸到天空，於1989年成立長榮航空，為台灣僅次於中華航空的第二大航空公司，目前長榮集團旗下共有長榮海運、長榮航空、長榮國際儲運、中央再保險等四家上市公司，以及20多家涵括陸、空物流、商務開發、保全等未上市公司。

　　就集團管理而言，張榮發後期在長榮海運及長榮航空均僅擔任董事而未擔任董事長，反而是於集團各公司之上設立總裁室，總裁室下設有總管理部，作為集團的最高決策核心。至

於集團共同事務，如保險財務規畫、船務代理、股務等則統一
交由長榮國際公司進行，如以股權結構來看，除了張榮發及其
子婿以個人名義持股外，集團主要持股是由張榮發家族持有的
長榮國際、張家控制的海外公司——巴拿馬商長榮國際，以及
二個公益財團法人——張榮發基金會（1986 年成立，登記財
產 117.25 億元）及張榮發慈善基金會（1996 年成立，登記財
產 23.81 億元）爲集團的控股核心，而長榮海運同時也是長榮
航空、長榮國際運輸，以及中央再保險的大股東。

　　透過控制股權計算可以發現，長榮海運中大房三子一婿
（鄭深池）的私人合計持股約爲 21.36％，除此之外，持有
10.62％股權的巴拿馬商長榮國際③和7.11％的長榮國際大房子
女持股合計都過半數，都可被視爲大房所控制股權，合計以上
大房約可控制長榮海運39.09％股權。反觀張國煒掌控之英屬
維京群島友華國際投資僅持有4.24％股權，即便加計全數張榮
發名下持股的6.09％，一共僅10.33％。只要大房子女聯合，長
榮海運幾可以確定爲大房囊中物（詳表二）。

　　在集團第二大公司——長榮航空中也可以看到類似的情
況，以資訊公開的前十大股東來看，表面上張國政和張國明及
其家屬合計持股僅 3.74％，但如果加計長榮海運、長榮國際及
長榮國際運輸的持股，大房控制持股達33.22％遠高於張榮發
名下持股加計張國煒控制的英屬維京群島華光國際投資共計
14.37％股權。因此即便張國煒在長榮航空耕耘許久，且經營績
效良好，但在形勢比人強下，依然難保其原有董事長寶座。

表二　長榮海運及長榮航空主要股東

長榮海運		長榮航空	
主要股東	持股比例	主要股東	持股比例
巴拿馬商長榮國際	10.62%	長榮海運	16.31%
長榮國際	7.11	長榮國際	12.17
張榮發	6.09	英屬維京群島商華光國際	11.45
英屬維京群島商友華國際	4.24	新制勞退基金	4.91
張國明	4.24	張榮發	3.14
張國政	4.23	舊制勞退基金	2.54
鄭深池	4.13	國泰人壽	2.29
新制勞退基金	2.42	張國政	1.94
		張國明	1.24

張國煒遭拔董座

　　果不其然，3月9日大房先是透過張榮發基金會及張榮發慈善基金會改選取得二個基金會的控制權。由於張國煒是以張榮發慈善基金會法人代表身分擔任長榮航空董事長，張榮發慈善基金會於3月11日利用張國煒飛往新加坡機會，宣布更換法人代表，此舉使得張國煒董事長資格失效。大房並隨即召開長榮航空臨時董事會進行董事長改選，雖然張國煒馬上將自己改列為個人所控制的華光投資公司法人董事代表，不過形勢比人強，投票結果7：2，張國煒僅獲得華光投資公司代表的2票，包括3席獨立董事全數倒向大房，張國煒黯然失去長期經營的

長榮航空董座。張榮發辭世不到二個月，他的子女不但沒有和睦相處、互相照顧，反而陷入內鬥；指定的顧命大臣不但沒有依照遺囑輔佐少主，反而多數倒戈，另迎新主；而指定的接班人不但接不了班，就連自己辛苦的地盤也盡失。張榮發九泉之下若有所知，或許也會為這樣的結局而有所感慨吧！

結論

　　本文截稿時正值張國煒失去長榮航空董事長一職，台灣媒體多以大勢底定為這場豪門風波作下定論。不過這樣的結論似乎有點言之過早，關鍵應仍在張榮發在海外是否仍有未公開遺產？而這些遺產是否足以支應張國煒取得長榮集團更高比例股權？但不論最後結果為何，長榮接班案例仍有不少值得討論之處。

　　首先，大房持股合計超過張國煒個人及所繼承股份，以及大房子女與二房不合之事，照道理張榮發在立下遺囑時應都已了然於心，或是其核心幕僚也應該作出相關提醒，但事後發展卻不如預期結果。究竟是張榮發另有安排，抑或是認定自己餘威猶在，只要一紙文書其子女都會乖乖聽從？尚不得而知。台灣許多大企業主深受日式教育中威權至上的觀念影響，認為威權可以決定一切，本案例是否因為父親及老闆的威權，反而造成下屬不敢進言或是輕忽股權比例事實，而造成後續家族內鬨？仍待時間觀察。

其次，和台塑集團相當類似。「理論上」為公共財的財團法人，在長榮集團控股扮演了重要的角色，甚至可以因應控制家族需要隨時改選董事，並進一步更換代表法人，是否再一次凸顯出財團法人在台灣「公器被私用」？

最後，回顧張國煒長榮航空董事長被撤換的關鍵有二。其一來自三席獨立董事全數倒向大房，其二在於其來自「張榮發慈善基金會」的法人代表身分被撤換而失掉董事資格，法人董事代表為台灣特有且常見的集團掌控者控制旗下企業模式。但試想一下，如果張榮發在訂立遺囑時能先讓張國煒以自然人身分擔任長榮航空董事長，同時以其名下投資取得2席以上董事，在台灣罷免董事長不易④，而且長榮航空改選董事在即下（2016年6月），這樣安排是否可以確保張國煒能有更大的時間和空間安排和處理相關股權問題？

───────── ✳ **公司治理意涵** ✳ ─────────

✳ 接班計畫

由於上市櫃公司動輒牽涉到數以萬計外部關係人的權益，因此重要的決策都應該有長期的規畫和萬全的準備，接班人計畫就其一。回顧長榮集團接班史，張榮發四子和一婿都曾在長榮集團旗下公司擔任要職，最後皆因與父親不和而離去，甚至讓張榮發在2012年接受專訪時表示，除了股票，名下所有財

產要全數捐作公益。也正因為這番宣言，所以當張榮發遺囑要將所有財產給予張國煒時，引發另一場遺囑真偽的風波，如果再加上後續的經營權之爭，從此約可推測，張榮發對於集團的分配或接班並沒有一個長期而落實的規畫。

一般而言，這種大家族式的分家有三種主要模式：

(1) **經營權與所有權分開**：透過成立家族基金會、信託基金、家族控股公司等方式讓家族所有成員都成為股東，只分紅不參與經營，公司則委由專業經理人打理。

(2) **切割分家**：事先將股權安排好，某子女就直接擁有某事業的控制股權，彼此切割清楚，互不相干。

(3) **指定接班人**：也就是將股權與控制權集中到一人身上，其他子女拿少數股權或其他資產，如現金、不動產或非核心事業。

不過，台灣最常見的反而是第四種，就是大家長覺得「手心手背都是肉，不該大小眼」，認為在骨肉情誼下，必能「兄弟齊心，其利斷金」，所以讓大哥接任集團核心，而其他兄弟則在集團內分任要職，而且彼此股權還相互牽制。這樣的模式在第一代或許還能勉強維持，但隨著後代子女感情不見得如上一代融洽下，往往就是家族內鬨的起源。

✳ 經營權與所有權區分

以目前情況來看，看似大房全面勝出。但別忘了大房一系共有三子一婿，換言之，在大房掌控整個長榮集團後，如果不能作好權力分配，另一場家族鬥爭可能再次發生，這對長榮集團在實質上或形象上可能又是另一次的重傷害。

除此之外，大房長子張國華雖然在2015年重回長榮海運擔任董事，並逐步接手長榮海運內部管理，但離他上次在長榮海運的工作已經20年了，同樣的情況也發生在預計接掌長榮航空但離開長榮航空許久的三子張國政身上。與其讓社會大眾質疑未來掌舵者的專業能力，何不將經營權與所有權區分，讓旗下公司回歸專業經理人治理，未來第三代再視其接班意願予以培養？

✳ 獨立董事是否真獨立？

獨立董事顧名思義其原意在於，在企業控制家族之外，以其專業與超然的立場監督公司運作，讓公司資訊更具透明化及公信力。但由於獨立董事在公司董事會中也占有一席，權力比照一般董事，因此在企業發生經營權之爭時，獨立董事是否真獨立就格外引人注目。事實上，在過去幾起經營權之爭中，如2012年的中石化，獨立董事就被公司派當作鞏固經營權的籌碼，這樣產生的獨立董事未來是否真能獨立運作自然受人質疑；或是在日月光對矽品收購案中，矽品的獨立董事反而跳上第一線批評收購者，或是幫矽品向外尋求奧援。很明顯地台

灣很多獨立董事也不太了解自己作為獨立董事的意義與職責。同樣的，張國煒在長榮航空的經營績效普遍獲得社會稱許，然而在董事長改選中，三席獨立董事卻一致選擇投給大房派出人選，這樣的決定到底是基於職責判斷，還是為了保住自己位子，自然很容易引發市場質疑。

做為公司外部人及小股東權益的捍衛者，面對經營權之爭，獨立董事當然會依自己的專業素養作出決策，但為避免不必要的猜測，建議獨立董事在面臨公司重大決策投票時，應向公眾揭露其決策依據。

此外，檢視長榮航空現有的三位獨立董事，其中一位為安侯建業聯合會計師事務所前所長羅子強，而安侯建業長期以來都是長榮航空的簽證事務所（至今仍是），羅子強擔任獨立董事雖符合法規獨立性之要求，但投票支持大房是否有維護安侯建業業務的意味？當然值得討論。美國證券交易委員會在安隆案後特別針對會計師事務所的退休合夥人在先前簽證客戶公司擔任獨立董事的情況提出規範，要求需完全退出（股份）原事務所，不得自事務所領取固定退職金以外獎酬（例如依據事務所財務績效所發放），且對事務所營運與財務政策不具影響力，以避免退休合夥人可能礙於保全事務所的簽證業務而影響其決策。目前國內獨立董事資格條件僅考量其在職時與擔任公司的關係，建議主管應將其退休後影響力一併納入考量。

最後，由於獨立董事的選舉方式比照一般董事，在台灣控制家族可以有多種「工具」取得多數投票權下，基本上獨立董

事在提名和選任過程中，都是因為控制家族的支持才能當選，在這種前提下獨立董事的獨立性自然受人懷疑。未來在進行獨立董事選舉中，是否可以要求全數或部分獨立董事席次公司原持有一定董事席次的股東或經理人持股不得投票，同樣也值得討論。

註釋

① 張榮發大房原配生有一女三子，分別於長女張淑華（2015 年因病過世，其夫婿為鄭深池）、長子張國華、次子張國明、三子張國政。元配過世一週年後，張榮發於 2014 年與二房登記為合法配偶，二房生有獨子張國煒一位。

② 我國民法規定對於遺產分配，雖尊重被繼承人（死者）的自由意願，但仍規定其配偶及直系親戚和兄弟姊妹可要求遺產扣除負債後一定比例的分配，此稱為「特留分」。由此可知，即使張榮發遺囑將所有財產留給張國煒一人，其他子女仍可依民法要求分配張榮發財產之一定比例。

③ 巴拿馬商長榮國際為張榮發和四子各持有 20%，大房三子聯合持有過半股權。

④ 目前台灣罷免董事長有幾種方式：（1）由董事會決議後，召開臨時股東會董事全部改選。（2）由少數持股股東或監察人提議要求公司召開臨時股東會。（3）由少數持股股東或監察人向法院提出董事不適任訴訟。（4）董事缺額達 1/3 以上時，應召開臨時股東會改選。（5）召開臨時股東會，經 2/3 股權出席 1/2 通過罷免董事長。最有可能的為（6）經董事成員 2/3 出席，1/2 通過罷免董事長。但如果長榮航空 9 席董事中，張國煒能持有 3 席以上或更多席次，其罷免難度則會提高或不可行。

不同的家族控股模式──台塑與長榮

　　近年先後有二位大企業家相繼辭世，一位是台塑集團的創辦人王永慶先生，另一位則是長榮集團的創辦人張榮發先生。這二位企業家的共同點，除了眾所皆知的「業」大之外，私底下生活的「家」也很大，二位都有來自不同母親的多名子女，不同房子女彼此之間相處也不見得融洽，也因此一旦老爸不在，子女是否會因為爭產而造成集團崩裂也就格外引人注目。

　　以台塑集團而言，檯面上主要是由屬性均為財團法人，有「白雪公主與七矮人」之稱的長庚與七小長庚①為集團最大股東，加上王氏家族控制的賴比瑞亞商萬順國際投資及秦氏國際投資，大量持有集團四大主體公司（台塑、南亞、台化、台塑石化）主要股權，再配合上四大主體公司的交叉持股，讓王家得以緊緊將台塑集團掌控在手中。然而後因王文洋爭產，揭露王家在海外還有市值約170億美元的五大信託，估計持有台塑四大主體公司19%股權，王家在海外的布局才一一浮現②。整體來說，財團法人、海外信託、集團主體公司交叉持股是王家維持台塑集團控制權的鐵三角，個人持股反而不明顯③。

　　相較而言，長榮集團控股模式較為簡單，除了同樣部分公司由集團下各公司交叉持股之外，主要公司（長榮海運、長榮航空）股權分別由已故董事長張榮發及家人以個人名義持股、

張家掌控的二個私人企業──長榮國際與巴拿馬商長榮國際，以及二個財團法人：張榮發基金會及張榮發慈善基金會④為主要股東，其中海外持股的巴拿馬商長榮國際也是由張榮發及四個兒子各持有20％。

　　從以上例子不難看出，財團法人（基金會、醫院、學校）、信託、家族私有企業再結合個人持股，已經成為台灣大老闆熱愛的家族控股模式。之所以要用這麼多且複雜的模式，除了大老闆們真的錢很多以及傳統基於「租稅規畫」想少繳點稅外，主要也是各項工具都有其特性和限制，透過不同工具的交叉運用，除了可以將控制權發揮到最大，另一方面也為了達成大老闆深怕自己過世之後，子女因為爭奪家產造成集團崩裂所作的預先規畫。

　　那麼這些工具又有些不同優勢與限制呢？

　　（1）**財團法人**：以財團法人擔任家族控股，除了財團法人本身有公益之名，有助於提升企業形象外，對於公司及控制家族多半也有額外的效益，如成立學校可以幫助企業培養人才，成立醫院可以照顧員工和家族健康等。不過如個案1〈你不知道的控股神器──財團法人面面觀〉所提，財團法人在台灣之所以會獲得大老闆們青睞成為家族控股的核心，主因還是由於現行法令規範不完整，讓財團法人具有董事可以代代相傳、可以透過不得清算規定強迫家族成員綁在一起、擁有相關租稅優惠及公司捐贈可回購股票等特性。

　　不過就算同樣是財團法人，因為屬性不同，相關規定亦不

同，例如現行法規均要求醫療財團法人（醫療法）和私立學校（私校法）每年須揭露財務報表。相對而言，基金會由於一般規模多小於醫療財團法人和學校，因此相對規範如財報揭露或是主管機關查核比較寬鬆，甚至也比較不必費心去經營，因此家族基金會反而成為國內企業最常見的「公益機構」，亦有企業是由基金會來持有集團主體公司股票。然而由於基金會多半自身營業收入較低，主要收入多來自捐贈，無法像醫院和學校能有穩定而大筆的資金流，可以配合控制家族進行相關股權或財務操作。因此，在國內大型財團中，基金會多半只是做為家族控制股權多角化的一部分，較不如醫療財團法人多扮演主要控股角色。

此外，利用財團法人控股亦非全然沒有限制，資產被凍結無法彈性運用就是一例，以及財團法人是採董事制而非股份制，很難區別各家族成員的權利，再加上近年來財團法人爭議問題頻傳，民間要求相關資訊透明化及機關制度化的呼聲也日益升高，一旦台灣正式將財團法人回歸真正公益化，控制家族可能也因此失去相關的控制權。~~（只是在利委效率下，不知道會是京台高速鐵路先通車，還是財團法人真正公益化會先落實就是了！）~~

（2）**私人控股企業**：私人控股企業擔任家族控股公司的最大的優點在於資金彈性運用。私人企業由於屬於一般營利性企業，只要經由董事會同意即可隨時處分資產。讓控制家族可以隨時依市場情況、資金需求及對未來規畫等靈活調度及處分

所持有資產而不必受限於法規限制。但較為不利的一面則是，繼承者繼承股票需納入遺產中計算遺產稅外，平時私人企業也必須承擔所得稅、營業稅等政府稅費。此外，由於處分資產的容易，家族繼承人亦有可能因為家族成員對公司經營方向不一致、後代子孫關係疏離或個別繼承人資金需求而處分資產或變賣手中股權，最後讓企業控制權易手。事實上回顧台灣多起上市櫃經營權之爭，也多歸因於此，甚至最後變成聯合外部勢力對抗自己家族。

　　針對股權的轉讓，台灣在 2015 年 9 月通過公司法修正案，允許閉鎖型公司設立。原本針對新創企業特性放寬的閉鎖型公司，由於可以限定股東間股權移轉、允許章程預先設定針對特定事項否決權的黃金股以及區隔為只分紅不參與經營的特別股及握有經營權的普通股等特性，目前反而成為台灣家族企業控股的新模式。

　　（3）**家族信託：**家族信託模式和財團法人類似，可預先限定未來一定年限和條件後財產的處分，讓公司股權可以集中，避免當下家族的分家，也有一定的節稅功能，只是信託契約除了需繳交信託管理費外，其避稅功能亦不如財團法人⑤。另一方面，信託制度是建立在法律關係之下，信託契約仍有其到期日，不若財團法人可理論上無限存續⑥。而信託模式運作上，是由信託管理人代為管理及處分財產，委託人主導性較低，不如財團法人在運作上，控制家族可以透過對財團法人董事會的掌控，直接控制和進行決策。最後，台灣信託法

是1996年才公布實施，在此之前信託制度並不成熟。或許是因為如此，包括台塑王氏家族等許多台灣大家族在內，在規畫家族控股模式時未將國內資產納入信託。反而是將其海外資產部分採取信託模式。

　　最後，若以王張二位旗下企業模式作比較，台塑集團雖然近年跨足多項事業，但其主體企業——石化業本身存在著上下游密切供應鏈關係，上游行情差就賺下游成品的錢，反之亦然。如果因分家造成集團分裂，現有共生共利的關係可能被破壞，因此王永慶早在逝世前十年就在規畫如何創造永不分家的帝國。所以即便後來王永慶猝逝於海外，未留下遺言，再加上長子挾王永慶原配財產分配請求權取得台塑集團一定股權，依然無法撼動台塑集團既定接班。

　　至於長榮集團，旗下長榮海運與長榮航空看似沒有直接關係，事實上航空業資本投資高，長久以來長榮航空仰賴長榮集團在財務上支援甚大。很難想像即便接班能如傳言中張榮發先生生前規畫的「海空分治」，由大房接掌海運，二房接掌航空，但少了集團奧援的長榮航空是否依然能保有優異的經營績效？此外，從實際結果來看，由於張榮發先前已將財產平均分配給四子，讓四子一婿均持有集團公司及控股公司一定比例股權，很明顯地這是一個父親對兒子不偏私及預作租稅規畫的作為，但因遺囑中將自己名下所有財產及總裁位子交由第四子獨自繼承，造成大房三子一婿的聯合反彈，反而形成預定接班人手中股權比不上大房子女聯合而面臨接班不成的困境。

　　平心而論，大老闆的財產和位子要交給誰？這是老闆和自己繼承人的事。是否涉及逃稅？這是國稅局的事。但如果接班發生問題，影響公司發展，那就是公司治理的事了！在大老闆心中，兄弟都該和睦相處、互相照顧，但面對金錢與權力又有多少人能真心放下？建立制度，及早作出規畫而不只是相信情義、覺得船到橋頭自然直，這或許是台灣許多老闆該預先作考量的。

註釋

① 七小長庚係指明志科技大學、長庚大學、長庚科技大學三所學校與王詹樣社會福利基金會、財團法人勤勞社會福利基金會、公益信託王長庚社會福利基金會，以及公益信託王詹樣社會福利基金會四個基金會。這七個財團法人組織合計持有台塑集團市值約略超過 1,100 億元的股份。長庚醫療財團法人則持有台塑集團市值約 2,500 億元股份。

② 五大信託一個註冊於美國（New Mighty，主要持有台塑美國公司股權）和四個註冊於百慕達（Bermuda）（Grand View、Transglobe、Universal Link、Vantur，持有台塑集團股權及王家在中國投資事業）。依王文洋在 2013 年的訴訟狀中揭露，五大信託分別於 2001 至 2005 年成立，成立時市值約 75 億美元，其間由於股息再加上股價上揚，待王永慶過世時，五大信託市值約為 170 億美元，其中註冊於百慕達的四大信託合計約為 150 億美元，萬順國際與秦氏國際二家投資公司亦歸屬於在百慕達註冊的 Vantur 信託之下，而後有媒體比對台塑公司第三大股東──匯豐銀行託管美林證券投資專戶（持有 6.26％台塑股份），發現其管理人員與秦氏、萬順二家公司管理人員相同，因此推測此一專戶亦應歸於王家海外信託資產之一。

③ 王永在過世前，以個人名義為台塑（第 5）、南亞（第 3）、台化（第 2）前十大股東，但王永慶則不明顯。

④ 財團法人張榮發基金會於 1986 年成立，登記財產為 117.25 億元；財團法人張榮發慈善基會於 1996 年成立，登記財產為 23.81 億元。

⑤ 信託依最終受惠人分為自益信託與他益信託。自益信託為信託委託人和受益人為同一人，僅對信託增益部分課所得稅，不課贈與稅。他益信託則委託人與受益人為不同人，需於信託成立時課徵贈與稅，每年信託收益視為受贈人之所得，課所得稅。不管自益或他益信託相較於成立財團法人被視為捐贈可以抵稅，其稅賦效果都相去甚遠。

⑥ 一般信託都需要有到期日和明確的信託受益人，但百慕達信託特色是可以永久信託且不需要有明確的信託受益人。除此之外，百慕達群島亦是著名的避稅天堂，可以節省相當稅賦。最後，針對百慕達所設立信託，百慕達政府一律不接受其他國家判決結果，僅以當地法院判決為主，亦增加異議者訴訟的困難度，有利於現行的信託管理人。

個案 3

Treat or Trick？
——不給糖就搗蛋的股東會

　　2015 年 6 月 26 日中華電信召開年度股東大會，由於股東的熱烈發言，當天股東會從早上 9 點開始，一直開到晚上 7 點 57 分才結束，歷時近 11 個小時，打破了前一年同樣由中華電信創下近 9 小時的股東會紀錄，對中華電信經營層來說，真是個難熬又不得不面對的一天①。

　　一場股東會可以開 11 個小時，想必是因為中華電信經營不善或股價大跌而受到股東責難吧？其實不然，從財報來看，2014 年中華電信每股盈餘為 4.98 元，達成年度財務預測率 107.9％，股價也從 2014 年初約 80 元到年底升至近 100 元，看起來還不錯。既然不是經營問題，那麼應該就是中華電信股東積極參與公司事務，代表中華電信公司治理足以堪稱台灣上市公司表率囉？

　　看看媒體報導當天中華電信股東會現況，事情和大家想得完全不一樣。股東會開這麼久，主因是股東不停地發言沒錯，但當天發言的幾乎都是中華電信的現任員工、退休員工和員工家屬這三類股東。發言的內容更是五花八門，有的怒斥董事長

過度重視績效是在炒短線、要求檢討轉投資公司賠錢的，或請求公司協調內部員工糾紛的；也有待退員工趁機要求公司應調高優退福利，甚至還有櫃檯員工抱怨制服太醜，認為顏色和死老鼠沒兩樣；還有人幹譙他家住高雄市議會附近為什麼不能安裝100M光纖網路；甚至有股東可能立法院打架看太多了，對回答不滿意就直接拿礦泉水瓶向董事席次砸過去，逼得現場保安人員出動傘陣護駕。簡單的說，這場原意為經營層向股東作年度報告的股東大會，事實上卻演變成中華電信相關人員利用董事長必然出席，而且抓準董事長是官派經理人不敢像民營企業般對員工清算，趁機大吐苦水或發洩怒氣，一場股東會反而成為中華電信員工的訴願大會。

　　中華電信股東不理性發言造成股東會冗長而失去意義，看起來像是少數的個案，事實上類似的情況每年都在台灣大大小小的股東會上演，甚至還有股東藉此勒索上市櫃公司，弄得許多大老闆把年度股東會視為一大畏途。

　　一般來說，一家上市櫃公司的股東會流程依序有以下階段：

　　（1）報到及主席宣布會議開始

　　在股東完成報到後，會由股務人員計算實際出席及電子投票出席股數，當達到法定開會股數（總股數二分之一）後，由主席宣布會議開始並致辭。

　　（2）報告事項

　　主席致辭後，接下來通常會由總經理或財務長向股東報告去年營運概況（多半是很客氣地請股東自行參閱議事手冊附

件）。接下來再由監察人（審計委員會）報告，報告內容大多是直接宣讀財報中的「監察人查核報告書」或是「會計師查核報告書」，表示給予股東的財務報表是經查核且無重大誤述。此外，如果前一年度有重要決議事項需經股東會追認的或是原本股東會通過但未執行的，亦會於此階段報告。

（3）承認事項

這個階段主要是由公司「理論上」的最高權力機構——股東會，通過董事會提出的前一年度的財務報表，以及前一年度盈餘的分配案（股利案）。除此之外，如果公司去年度實施重要議案（如現金增資）需在股東會追認的，亦會在股東會上要求股東同意。至於股東同意方式，照道理應該是由全體股東投票表決，但會議主席（通常是董事長）基於「和諧社會」的理念，往往是希望大家鼓掌通過。

（4）討論事項

此部分主要為公司如果有依「公司法」或「證券交易法」規定，需經過股東大會通過的議案。像公司章程變更（如修改經理人競業條款）或重大事件（如辦理私募），這些議案都會預先載明於開會通知之中，股東可事先電子投票，或是現場由經理人報告後，主席會要求在場股東鼓掌通過或表決決議（加計電子投票）。

（5）董監事選舉與投票

如果該年股東大會碰上三年一次的董監事選舉，則會在此階段安排董監事選舉投票。亦有公司碰上市場派爭奪經營權，

故意修改議程將董監投票提前表決第一案的情事。

（6）臨時動議與散會

主席會徵詢現場股東是否有臨時動議。如果有，則看現場股東是否有附議，若有則視為討論議題，由主席裁決是否需表決投票；若無臨時動議，則主席宣布會議結束及散會。

以上的流程看起來很制式也很簡單，但其實每一年股東會的來臨，即便沒有董監事選舉，或是公司有重大事件發生，多數上市櫃公司也都戰戰兢兢如臨大敵，公司的簽證會計師和律師往往還要配合進行股東會模擬演練，弄得人仰馬翻。原因無它，因為台灣有一種專門因應股東會而生的職業，俗稱股東會蟑螂或是股東會流氓的「職業股東」。

職業股東橫行股東會

職業股東顧名思義就是透過買進一家上市櫃少數股權取得股東身分後，專門在股東會上鬧場，逼迫公司收買他們的人。這些職業股東有的是單打獨鬥，也有是組織化的團隊，他們會專業分工認真研究公司財報或是相關法令，然後在股東會上威脅大老闆公司違法或是提出讓經理人難堪問題。例如在1960～1980年代著名的「委託書大王」陳德深就是如此。陳德深可謂台灣職業股東的開山祖師，他是台大法律系畢業，本身精通法令不說，還成立公司雇用法律及財金相關科系工讀生專門研究上市公司財報問題，以用來控告上市公司違法。他二句最著名

的口頭禪就是「我反對」和「法院見」，讓不少大老闆頭痛不已，最後迫使該公司老闆高價買下他的委託書。

　　但或許是現行台灣上市櫃公司太多，公司財報也多有相當透明度，因此現今多數職業股東操作模式較少是採取陳德深式的精耕，而是偏向粗放。主要的作法就是發動人海戰術，集合一群人在股東會上輪流不停地提問或叫囂來干擾議事進行，或是威脅公司股東會流程違法，將向法院申告股東會無效，甚至是要求公司報告不得要求股東自行參閱必須要逐字唸出②，或是大談老闆個人的私生活，搞得大老闆不是精疲力盡就是很難堪。這一切的目的只有一個：「想要我不來，拿錢出來擺平我！」

　　職業股東的「收費方式」不一，從單場幾千至幾十萬元的車馬費，也有依股東會時間每分鐘計費的。這樣的行為由於涉及恐嚇及勒索，在扁政府時代一度由調查局監聽及蒐證後，直接以「檢肅流氓條例」將這些人提報流氓，甚至以更重的「組織犯罪」起訴③。自此之後，職業股東開始化整為零（組織犯罪需3人以上）再相互支援，並遊走於法律灰色地帶。他們不再明目張膽地向公司勒索，而是要求公司把特定業務（如股東會紀念品）交由指定公司承包，或是仲介公司業務（如訂雜誌或是於指定媒體中登廣告）賺取佣金，甚至還有大發喜帖給上市公司賺取紅包的。除此之外，也有人直接成立報紙和雜誌或是投資人協會，要求上市櫃公司予以贊助或是索取內線明牌，如果不從，就以新聞自由或是投資人自救為名對特定公司大肆攻擊。所以台灣有一堆的財經雜誌其實真正賺的錢是從這裡來的。

　　不難理解，對於這些職業股東大老闆們是又氣又恨。但因為我國上市櫃公司股東會都集中在5～6月間，檢調單位不可能1,600多家公司一家一家的去站崗蒐證，要釐清公司和職業股東之間到底是商業行為還是不樂之捐亦有其困難，再加上的確不少公司老闆真的作了虧心事心裡有鬼，於是在面對職業股東的勒索，就出現二種不同的回應：斷然拒絕的老闆通常的作法就是修改議事規則，要求股東必須寫發言條，事先提出問題才能發言，或是限制股東發言時間及次數。要不然就是想辦法把股東會排進熱門日期，和上百家公司同一天開股東會讓職業股東分身乏術，但這樣的作法往往就會招來國內不明事由的專家學者們批評不符合國際公司治理精神。

　　面對相同情況，更多大老闆的選擇是裝傻置身事外。既想要股東會順利又不想屈就自己和這些人打交道，最簡單的辦法就是把股東會的順利與否列為公司相關人員的績效考核。這麼一來，股東會主辦人員（股務或公司法務）自然一方面會想辦法技術性干擾職業股東，另一方面也會事先整理職業股東名單，先行和這些人打招呼傾聽他們的「需求」，想辦法化解他們對公司的「敵意」。而這些事剛好老闆都「不知情」。

結論

　　職業股東的存在還是小股東利用股東會故意鬧場，有人認為這是股東會的必然之惡，甚至還有人以美國的股東行動主義

（shareholder activism）或是激進投資人（activist shareholder）
的角度，認為這是增進公司治理的表現。聽起來好像很合理，
但姑且不論這些發言股東是否有勒索用意，請回想一下開了11
個小時的中華電信股東會，除了發言的股東達到了情緒的宣
洩，甚至是得到董事長回應會重新檢視死老鼠色的制服外，這
對中華電信的公司治理到底有什麼幫助？如果有一個非中華電
信員工的股東坐在哪裡看大家漫罵，他豈不是很無辜。更遑言
一個原本只要2～3小時就可以結束的會議，結果居然開了11小
時，這樣的議事效率難道應該得到讚揚與鼓勵嗎？

　　股東無止盡的冗長發言看似是民主的表現，但另一面顯現
的卻是我國議事規則對於權力與權利規範的不明確，及多數會
議參與者和主持者對議事規則不清楚的諷刺。股東大會是一家
公司法定最高權力機構，台灣現行法令亦規定公司年度財務報
表、重要決策及重大變更都需要經過股東大會同意。一年一度
的股東大會同時也是小股東會見公司經營階層及表達對公司建
議的管道。然而，如同民主不應當是沒有限制的自由一樣，如
果我們只是一味認定股東會報告就是經營層必要的義務，股東
提問就是股東必然的權力，而不予以適度的規範與箝制，股東
會當然就會如同中華電信股東會般的失控，而股東會也失去其
原本的意義了。這或許是許多批評公司經營層不顧公司治理精
神的專家學者，或是只會看國際評比項目的主管機關該好好省
思的。

✳ 公司治理意涵 ✳

✳ 議事規則的釐清

　　現行上市櫃公司股東會的流程及相關規範主要是依循證交所在 1997 年訂定的「公開發行公司股東會議事規則」作為基準，而後立法院在 2001 年修訂「公司法」，要求所有公司都要制定公司議事規則來作為股東會時的準則。看似規範了所有上市櫃公司都有其自定的議事規則，但實務上各上市櫃公司不可能費心思去研究議事規則，更不可能去逾越既有規定，所以各家公司的議事規則其實都和證交所訂的大同小異。

　　其中，證交所訂的議事規則除了只是行政命令不具有法律約束力外，其內容雖然規範了發言方式、次數和主席權力等，但對於股東執意違反規定或是發言明顯偏離股東會主題時，主席除了口頭勸誡外，是否能有更大的權力制止卻未釐清。過去曾有會議主席動用保安人員把鬧場股東強行架出，結果反被控告妨害自由及傷害罪，這對後來許多會議主席是否應動用糾察權反而形成陰影，而自然也成為職業股東有恃無恐的利器。

　　除此之外，多數公司議事規則對於股東發言次數及時間有限制④，對於各階段也多排有預設時間，但實際上多僅是參考用，也因此讓股東往往利用討論事項或是臨時動議階段（或任何一個階段）漫無止盡的發言。這種「吃到飽式」的發言模式，雖然讓所有想發言的股東都能得以暢所欲言，但往往會議的冗長無效率也自此而起。未來在公司議事規則中是否應限制

股東僅能於會議特定階段發言、強制個別階段停止時間，以及強化主席裁決權，值得更進一步討論。

✳ 股東會主席應熟知議事規則

依「公司法」規定，股東會由董事會召集者，董事長為主席⑤。換言之，公司的董事長應該要熟知議事規則才有辦法讓股東會順利進行。但實務上，台灣上市櫃公司大多數的董事長都不太著重對議事規則的了解，或是年事已高根本沒興趣去了解，所以才會讓股東會被更為熟知議事規則及法令的職業股東牽著走。

照道理說，除了討論事項和臨時動議外，股東是沒有太多發言空間的。但因為股東不懂，主持的董事長也不懂，所以經常就形成每個階段都有股東發言，造成議事延宕。抑或是針對股東的刻意發言干擾，主席原本可裁示直接交付表決阻止股東無止盡發言，但似乎並不是每位主席都能善用其工具。這些都和身為會議主席的董事長是否熟知議事規則有關，未來證交所在進行董事教育或是董事評鑑時，或許可以考慮將議事規則納入其中。

✳ 廢止股東會中表決與提出臨時動議

公司經營層之所以要這麼戰戰兢兢地面對股東會，主因就在於股東會是一家公司最高權力機構，因此公司重要議題都需經股東會通過才能生效，這當然毫無疑問。但是不是所有議題

都一定要在股東會中通過，那就值得討論了。可以想像，部分重要議題如公司要發行私募或是從事購併，小股東有可能需要從股東會中質疑並聽取經營層報告後才能作決定。但部分不可能改變的議題，如承認公司去年的財務報表，或是不涉及討論議題，如新任董監事選舉，有無可能改為股東會前由股東以電子投票及股東報到時先行投票，以減少股東會進行時不必要的討論。

　　和此議題類似的，是應不應該廢止股東在股東會中提臨時動議。臨時動議的存在目的當然是為了彌補股東會議程中未盡完整之處，因此允許股東提出臨時動議，並經其他股東附議後，由主席裁示交付討論及表決。但自台灣推行股東會電子投票以來，臨時動議就成為未出席但先行用電子投票對公司已公告議程表示意見股東的不公平對待，因為這些股東無法對臨時動議投票。特別是我國目前會使用電子投票的多半是法人股東，他們的持股經常加起來比公司董事長還高，卻無法對突發的提議投票，實在不公平。事實上過去也常有公司派假藉股東提案，在股東會上突襲以臨時動議提出廢止董事競業條款或是進行私募，再以現場優勢股權強行通過，損及未出席股東權益。目前證交所版的股東會議事規則及證交法已規定公司部分重要議題不得於股東會以臨時動議提出⑥。但根本解決之道，應該是完全禁止股東於股東會中提出臨時動議或是對於臨時動議進行表決，如此一來，除了是對於電子投票但未出席股東平等對待，也等於要求公司在擬定公司討論及表決議題時，應更

完整而嚴謹，且提前向股東公開說明，而不是臨時提一個案子
要求股東匆忙表決。

註釋

① 該紀錄於 2016 年 6 月 24 日再次由中華電信股東會以歷時 14 個小時又 49
分鐘打破。

② 2005 年台積電股東年會即有股東劉台安要求財務長何麗梅需逐條唸出所有
財務數字，引起董事長張忠謀抗議。同一場股東會還有股東質疑，為何張
忠謀結婚後台積電股價一直跌，同樣引發張忠謀不滿。

③ 台灣政府迄今二次針對股市職業股東掃蕩行動，分別為 1998 年以治平專
案逮捕 15 名介入台光、高興昌等上市公司的至尊盟成員。第二次則是
2007 年以檢肅流氓為由逮捕黃德源等 14 名成員。基本上二次都是把職業
股東以提報流氓方式處理，但處理流氓的主要法源「檢肅流氓條例」因被
大法官會議解釋為違憲，已於 2009 年 1 月廢止。

④ 多數公司在股東會議事規則多有限定每位股東發言二次，每次發言不得超
過 3 ～ 5 分鐘。

⑤ 依據「公司法」第 182 條之 1 及 208 條之 3，股東會由董事會召集者，董
事長為股東會主席。

⑥ 依據「股東會議事規則」參考範例第 3 條，選任或解任董事、監察人、變
更章程、公司解散、合併、分割或相關法令規定之對公司營運有重大影響
事項（「公司法」第 185 條、「證券交易法」第 26 條之 1、第 43 之 6）
應在召集事由中列舉，不得以臨時動議提出。

美國的股東會和台灣的有什麼不同？

　　談到美國公司的年度股東會，很多人第一個會想到的是股神巴菲特（Warren Buffett）所屬的波克夏‧海瑟威公司（Berkshire Hathaway，BRK）。不少人買了一股的BRK股票 ①，不遠千里地搭機飛去一個可能原本一輩子也不會去的城市──內布拉斯加州的奧馬哈市（Omaha）參加年度股東會，這一切只為了目睹和聆聽來自股神的神諭。

　　BRK的年度股東會通常是一整天。上午是熱鬧的園遊會，BRK旗下所投資的公司都會在此擺攤。焦點當然是巴菲特的現身，他喝著可口可樂在各攤位遊走，有時會彈著烏克麗麗哼唱與參加者同歡。下午則是正式股東會的登場，除了一般股東會應有的程序外，BRK股東會最大的特色就是股東提問時間長達3～4小時，整場股東會就像佈道大會一樣，不但一團和氣，聆聽者還個個歡喜讚嘆覺得物超所值。唉！要是台灣的股東會都能像BRK這樣有趣不知道有多好⋯⋯。

　　別傻了，這是特例，絕大多數美國公司的股東會和台灣的一樣無聊。

　　回到一開始的問題，請問你覺得美國一般上市櫃公司股東會和台灣的有什麼不一樣？「美國的股東會參加的大多數是美國人，台灣的股東會參加的大多是台灣人。」嗯～是沒錯啦！

而且你忘了說，美國股東會多半是講英文，台灣股東會多半是講國語。~~題目會是您人想的這麼簡單嗎~~？對不起，我應該把題目講的更嚴謹一點，你覺得美國公司股東會在「精神上和制度面上」和台灣有什麼不同？

簡單地說，台灣公司把年度股東會視為一家公司一年最重要的會議，因此一家公司過去和未來所有重要的事件都要在股東會上通過才能生效，但也因為台灣如此看重年度股東會，自然一堆莫名其妙的事就會發生在股東會中。但對美國公司而言，年度股東會最重要的工作只有二個：首先是選舉出公司新一年度的董事②。其次是公司經營層和小股東報告。為什麼特別強調「小股東」呢？因為年度股東會通常持有一家公司大多數股權的專業投資機構股東是不會參加的，他們多半只會參加公司的法人說明會。那這些法人股東要怎麼去表達他們股東權益呢？很簡單，透過事前投票。因為美國股東會沒有臨時動議這件事，因此所有應表決議案在股東會前就已經都公告了。

以下為個人參加美國某上市公司股東會經驗提出分享：

（1）股東會通知

約莫在股東會召開前1～2個月股東就會收到股東會通知，這個通知可能是電子通知連結到特定網站，也可能是實體郵件，端看你在券商資料裡的勾選。郵件內是一本小冊子（proxy statement），裡面除了告知股東會時間、地點和一些公司資料外，還有本次股東會預計要投票的事項及投票單，針對這些事項你可以勾選後採用郵寄、電話或是上網投票，當然你也可以

到股東會現場再投。除此之外，還有一張委託書（proxy card）
上面有你的資料，冊子會建議如果你要參加股東會最好把這張
帶去。

（2）股東會報到

　　所參加的股東會是選在這家公司所在城市某飯店的會議
室。報到現場有股務人員坐在外面，只要有個人證件，他們一
樣可以查出你的資料，給了一份一樣的小冊子，順便問你是否
已投票。報到處旁展示了很多這家公司產品的運用（此例是一
間IC設計公司），還有兩位接待人員回答相關問題。最旁邊則
是擺滿了印有公司商標的一些商品，如袋子和馬克杯，很多人
都以爲是不要錢的，結果是可以用「股東優惠價」購買。

（3）主席介紹與會議開始

　　待表定會議時間到，會議主席會先講一小段的歡迎辭，
接下來他會提醒大家如果還沒投票的，或是已投票但要改的請
到會議室外找股務人員，因爲會議正式開始後就不能再投票
了③。之後他會開始介紹和他一樣坐在最前面的與會者，包括
公司執行長、財務長、簽證會計師、董事等。待介紹完畢，此
時主席會宣讀股務統計資料，首先是參與股數是否達到使會議
有效之法定股數（quorum）。依次爲各表決案的投票結果及是
否通過。

（4）業務報告

　　這部分通常是由公司執行長和財務長進行報告。一般先
由財務長簡略報告去年一年公司營收、每股盈餘或是股利等數

字：接下來是執行長報告，他會一方面提及過去一年公司主要
的成就，另一方面分析未來公司的展望和目標，報告時間各約
3～5分鐘，簡要但明確，而且絕對不會是像台灣一樣，叫股東
自己看手冊就帶過去了。

（5）股東提問

　　在公司寄給你的股東會通知裡就有一張股東提問單，你可
以填寫後和投票單一起寄回公司（當然，網路上也可以做一樣
的事）。這是因為美國股東會大多有現場直播的功能，就算股
東無法出席，一樣可以透過直播或電話語音聽到經營層回答你
的提問。至於現場的臨時提問呢？一般現場都架有1～3隻麥克
風，想提問的股東就去排隊，所以經常會議還沒開始就有人在
麥克風後排隊。

　　台灣的老闆常覺得職業股東利用提問鬧場很煩，事實上美
國在股東會鬧場的也不少。最主要的原因是美國有許多跨國企
業，常常這家公司甚至外包公司在第三世界工廠剝削勞工或是
製造污染引起爭議，此時環保或人權團體就會利用股東會董事
長和執行長必然出席，而且被迫一定要聽完股東訴求的機會，
一樣買進一點股權再利用發言機會質詢或痛罵公司高層。但是
和台灣不太一樣的是，美國很認真執行股東會各階段的時間控
制。一般來說，股東提問時間多半表訂是40～60分鐘，公司也
會限定每位股東發言時間，一旦有人發言過長，主席可能要求
關掉麥克風，或是也可能引發後面排隊等發言者的抗議。其實
就算60分鐘內所有發言的人都在罵公司高層又如何，反正一年

不過就是這60分鐘嘛！

（6）會議結束

股東提問結束後，主席會致一小段謝辭後就宣布會議結束（adjourn）。接下來和台灣差不多，溫拿一樣是溫拿，魯蛇繼續是魯蛇。

認真比較一下台灣和美國的股東會不同之處，你會發現，美國看起來是個很商業化的國家，股東會還可以賣東西。但其實背後隱含的是公司的理念，他們是希望股東能了解公司、認同公司，最後長期持有該公司股票最好都不要賣。但參加台灣公司的股東會，除了領紀念品，個人完全感受不到這家公司想和你建立什麼感情，甚至多數紀念品和這家公司產品一點關係也沒有。

美國的股東會看起來很科技化，有電子投票、語音投票和現場直播，其實這是因應美國幅員廣闊及擁有許多國際投資者所致，除了少數公司，本來股東要參加股東會的可能性就不大。股東想不想參與公司股東會是股東的事，但至少美國公司展現了誠意。反觀台灣，股東會常故意開在交通不便的廠區降低股東參與意願不說，電子投票、資訊公開都是作半套採循序漸進。看起來台灣股東會好像很重要也很慎重，但其實老闆除了只是想要股東手中的委託書外，並沒有真心把股東當回事，而自然地股東也不會把公司經營或前景當回事。

美國和台灣一樣，股東會是一家公司最高權力機構，因此重要事項需經股東大會通過是無庸置疑。但相形之下，台灣的

機制比較像公投，大大小小的事都要股東會通過；美國比較像選舉，選出領導者和監督機制後，把權力託付給領導層。看起來台灣好像比較接近真民主，可是仔細想想，是不是每一項議程都真的需要股東會通過才算數④？賦予股東大會過多的責任和義務，是否反而失去其原本希望資訊較落後的小股東可以接觸經營層，了解公司理念的機會。

　　台灣股東會反映的其實就是一貫以來大老闆的「射後不理」心態。在拿到委託書前是副面孔，等委託書達到開會標準後馬上換成晚娘臉孔。股東會只是因為法令規定不得不開，所以大家怎麼做我們這麼做就好，沒有幾家公司覺得我們應該去拉攏股東，讓股東更了解我們公司甚至最後信仰我們公司，長期持有公司股票。老闆只想炒短線，吸引到的自然也是炒短線的股東。請你想想電子投票或網路直播很難嗎？這或許是自稱資訊大國，結果股東會堪比非洲的台灣該好好想想的。

註釋

① BRK 股票分為 A 股和 B 股：A 股（BRK-A）一股約為 20 萬美元，差不多等於新台幣 600 多萬元一股；B 股（BRK-B）一股約 130 美元，約新台幣 4,000 多元。會區分為 A 股和 B 股主因是原本巴菲特認為股票應該要長期投資才能凸顯其價值，所以 BRK 不要做股票分割（stock split），但沒想到 BRK 的股價愈漲愈高讓一般投資者望之卻步。在不違背自己諾言下，於 1996 年發行 B 股。最早 A 股 1 股可兌換 B 股 30 股，但 B 股不能換成 A 股，而後 B 股又漲太多，只好在 2010 年進行 1：50 的分拆，因此 A 股和 B 股的價格比約為 1：1500。

② 美國上市櫃公司董事一般是一年一任。本文所指的股東會不論台灣或美國

均是指上市櫃公司。

③ 投票終止依各州商業法而有不同，有些公司是放在會議開始前，有些公司則是列為會議第一項，即宣布會議達法定人數後，主席即詢問對於表決議案有無異議和有無還要投票或修改者，接下來就統計及宣布投票結果。

④ 以台灣去年度財務報表需經股東大會通過為例，如果股東會沒通過，公司會被罰錢，然後需召開臨時股東會通過（請參見本書中的個案 6）。不管股東會有沒有通過，公司又不可能任意更改財務報表，因此是否年度財務報表必須一定要經股東會通過才算數值得商榷。

個案 4
合併是為了提升競爭力，
還是為大股東解套？

　　2008 年 4 月 9 日，同屬聯電集團的聯陽半導體、聯盛半導
體、晶瀚科技及繪展科技，宣布進行四合一合併。合併基準
日為 2008 年 12 月 31 日，由聯陽半導體公司（以下簡稱為「聯
陽」）成為存續公司，其他三家則為消滅公司。換股比例依次
為聯陽：聯盛（1.05：1）、聯陽：晶瀚（0.41：1）及聯陽：
繪展（0.26：1），合併後的「新」聯陽半導體公司資本額將由
原本的新台幣 11.29 億元，躍升為 20.06 億元。隨後在聯陽半導
體公司所發布的新聞稿指出合併後的獲益包括：

（1）增強核心技術，提高系統單晶片（SOC）整合能力。

（2）擴充產品線，提供客戶一次性購足之需求。

（3）整合客戶基礎，增加市場機會之廣度及深度。

（4）智慧財產權（Intellectual Property Rights）及生產數
　　　目增加，將可以降低開發成本及生產成本。

（5）透過人力資源整合，提升人力資源素質，並可以招
　　　募更優秀工程人員加入。

四合一未獲市場認同

　　只是公司的聲明似乎無法獲得市場的認同。在新聞發布後，四家公司中唯一的一家上市公司，聯陽半導體當日收盤重挫5%，另一家在興櫃掛牌的聯盛也同樣大跌。

　　市場會有這樣的反應，其實並不意外。因為聯陽本身是家獲利良好的公司，在2007年稅後每股盈餘（EPS）高達4.59元，在合併宣布前，公司股價一直維持在90～100元左右；而聯盛在2007年每股盈餘高於7元，在興櫃交易股價也超過100元；但被合併的晶瀚和繪展則是虧損公司。大家不免擔心，以高獲利公司去合併虧損公司，獲利會被拖累，以及合併後如果綜效未能如公司預期般顯現，那麼增加接近一倍的股本也會稀釋掉原有公司的每股盈餘。

　　抱有類似想法的，不只是聯陽和聯盛的股東，還包括了這二家公司的員工。眾所皆知，員工分紅一直是新竹科學園區內公司激勵員工最重要的手段，公司獲利良好，股價上升，則員工分紅帶動的財富效應水漲船高。相對的，如果公司獲利下降，也會讓員工分紅縮水，因此面對合併的議題，在聯陽和聯盛員工間也出現了反彈，特別是在科學園區挖角和跳槽風興盛下，員工分紅不如預期，自然會提高現有員工離職意願，造成公司人才的流失。因此合併後對於人才資源效應並不全然如聯陽公司描述的只有好的一面。

合併綜效質疑

　　除了金錢的因素外，合併後的綜效是否真如公司說的那麼好，可以發揮一加一大於二的功效，也是市場質疑的地方。

　　這四家公司中，聯陽的主力產品為筆記型電腦鍵盤和滑鼠控制晶片，和主機板 I/O 控制晶片；聯盛的主力產品則是 FLASH 記憶體控制晶片和 PC-TV 解調器（Demodulator）；晶瀚產品則是著重於類比式晶片（Analog）以及影音介面，如 HDMI 和 Display Port 等晶片；繪展則是影像（Video）產品相關晶片。以原有產品形式來看，這四家公司的產品間，聯盛和晶瀚及繪展在影像產品上勉強算有關連，和聯陽則沒有明確的上下游整合的關係，為什麼要將聯陽扯進來，實在令人費解？更何況聯陽和聯盛在原有產品市場中，已經是數一數二的供應商，而晶瀚和繪展則是剛起步者。在科技業重重專利障礙下，是否聯陽和聯盛非得要透過合併，才能取得晶瀚和繪展技術？而合併後需要多久的時間，才能為關係人帶來最大利益？在重重疑惑下，很多人自然而然把這場合併引向了另一群最大受惠者的質疑，即晶瀚和繪展的大股東。

大股東吃定小股東

　　分析這四家公司股權結構，最大的特色就是有著相同的控制股東，聯陽雖為上市公司，但和聯盛、晶瀚和繪展一樣，

背後大股東都是聯電集團下的宏誠創業投資公司，差別只在於聯陽是上市公司，聯電集團持有股權比率最低，興櫃的聯盛次之，而未上市的晶瀚和繪展最高。同時，聯電集團高層還有幾位以個人名義持有聯盛、晶瀚和繪展相當程度股權。

簡單地說，聯電公司高層對這四家公司均有主導權。利用集團內上市的聯陽，合併同為集團內三家未上市的公司，無形中等於幫集團挾帶了三家公司上市。而不管是聯電旗下的投資公司，或是以私人名義投資聯盛、晶瀚和繪展公司的大股東，在股票換成聯陽後，也等於從原本不確定會不會中獎的樂透彩券，一口氣換成了一張可以隨時兌換的支票。相反的，原本持有聯陽股票的小股東在這場合併案後，除了要面對股權被稀釋外，卻也相對得承受公司營運風險的提高。

合併後的「新」聯陽

從表一中我們可以很清楚看出，自2009年1月1日「新」聯陽正式合併生效後，資本額從原本11.29億元，躍升至20.06億元，增加了77.6％，但是營收在接下來的二年卻只增加59.2％和5.4％。營收的增幅趕不上資本的增加，最後的結果自然也反映在每股盈餘以及股東可分配股利上。

表一 合併前後聯陽營運表現

單位：新台幣百萬元

年度	2006	2007	2008	2009	2010
資本額	1,092	1,106	1,129	2,006	2,015
營業收入	1,788	2,611	2,468	3,930	4,145
EPS（元）	2.29	4.59	3.38	2.44	1.5
股利（元）	2	3.02	1.5	2	1.5

　　而從圖一的股價走勢來看，大家可以清楚看到，在2009年四合一合併後，聯陽股價由於受美國金融風暴影響，隨著大盤指數下滑，最高價出現在2008年5月7日的每股130元，最低價則是在2008年11月19日的31.6元。爾後，隨著大盤開始反彈，股價亦隨之上升，但很明顯的，在營運績效未達預期下，股價反彈幅度遠不及大盤。

圖一 合併後聯陽股價表現

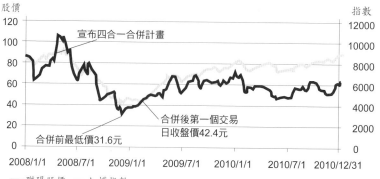

如果我們假設一位投資人分別於合併前一日 2008 年 4 月 8 日（收盤價 97.6 元）和合併後第一日 2009 年 1 月 5 日（收盤價 42.4 元），買入聯陽並持有到 2010 年 12 月 31 日（收盤價 61.9 元），則經股利調整後報酬率分別為 −27% 及 +53%。後者看似不錯，但如果同時將同期大盤指數相比較，則指數報酬率為 +3% 和 +91%。

聯陽合併後很明顯不管是公司營運數字或是股價的表現，都未能獲得市場的認同。

結論

不管在東西方企業中，企業間的合併都是一件大事。因為合併後牽涉到的不只是產品端和銷售端的整合，還包括企業文化、管理體制、資訊系統等的統合，稍有不慎很容易就落得失敗收場。以 2005 年明碁購併德國西門子旗下手機部門，原本滿心期待可以因此結合台灣代工實力和德國品牌發揮乘數效果，但宣布合併後不到一年即黯然分手，即是最好的驗證。

從公司治理角度來說，企業合併牽涉到是否購併、如何購併、換股比例等問題，由於利益之所在往往也會是爭議之所在。因此，不論是企業主或大股東，在面對公司購併決策時，都應該以更謹慎的態度和更公開的資訊向股東們說明。

而以本案例來說，最引人爭議之處是聯陽決定合併其他三家同屬聯電集團的未上市公司時的決策考量，究竟是真的如

聯陽公司發言人所說，基於提升企業和產品競爭力，抑或是如市場傳言，是為了幫大股東解套，好讓大股東可以拿股票換鈔票？企業合併有其專業性和對未來產業發展等不同考量，外部人很難從表面上去判斷其是否合理。只是如果從事後來看，聯陽不管在營收或是其股價上的表現，的確遠不及當初經營階層所預期的美好。

針對這類型的關係人合併案或是類似的重大決策案，在台灣「上市櫃公司治理實務守則」中已定有公司董事自律條款，要求董事針對董事會討論議題如有涉及個人利害時，應自行迴避，不得參加討論或表決①。這樣的規定或許足以稍稍扼止大股東挾董事席次作出自利而損害小股東決策，但反過來想，如果聯陽合併案真是有利於公司長期發展，在其董事多是控制股東法人代表下，卻可能演變成全數董事都要利益迴避，無人可表決提案，或是僅是1～2位董事就可以決定全案的奇怪場面。

根本解決之道，還是應該回歸獨立而學有專精的獨立董事機制。透過獨立董事的評估與意見及公開資訊，讓身處決策圈外的公司關係人得以清楚了解整個合併案的合理性與需要性，而進行相對的決策依據（股東會投票），讓公司的重大決策能夠透明合理回歸專業，而不是流於瓜田李下或黑箱作業之疑。

2012年12月30日，在歷經四合一合併3年後，聯陽宣佈合併效益不如預期，依會計準則認列24.58億元的資產減損，約當每股業外虧損12.13元。當初合併效益是否真如公司講的那樣？答案已在不言中。

✸ 公司治理意涵 ✸

✸ 挾帶上市

　　公開交易市場由於有明確的交易價格及高度流動性，因此一向是企業主增加財富的捷徑。但我國主管機關在考量公眾權益下，對於上市櫃公司申請掛牌核准有一定條件和審查流程，不免曠日費時②，為了能早點上市印股票換鈔票，市場常見以購併手法讓未上市公司提早取得上市資格。最常見的例子是反向購併的借殼上市模式，另一種常見的例子，則是如本案例中公司大股東透過對公司主導的力量要求上市櫃公司購併私人持有的公司來挾帶上市。本案中，聯陽為上市公司，聯電集團為主要股東，其他三家為未上市公司，最主要股東亦為聯電集團，但其實在三家未上市公司中更有不少股份為聯電集團高層以個人名義持有。透過合併，等同讓集團母公司和大股東個人取得了上市變現的機會。以程序而言當然合法，但卻讓原本聯陽的小股東的權益得到稀釋。雖然目前證券交易所及櫃買中心會針對合併案件進行審核，但也只能針對程序、擬制性財務資訊及被合併公司條件審查合併案是否有損及股東權益③④。然而這些審查往往只是針對當下情況，如果未來合併效益不如經營層宣告的那麼好，主管單位也不可能再回溯處罰，再加上審查有一定標準和流程，有心要操弄的股東自然會把官樣文章作好，審查單位當然無法偵知及控管大股東的背後動機與濫權。

　　解決之道除了結論提及的由獨立董事參與評估並公告其意

見，以提高公司決策透明度外。建議應加強股東事後的集體訴
訟機制，針對公司高層不當決策造成股東損失提出損害賠償訴
訟，以迫使公司高層進行如公司合併等重大決策應採行更為嚴
謹態度。

❋ 非相關合併

在本案例中另一個值得討論的話題中，企業到底應不應該
合併與本業不相關的公司？或者說，公司經營層認為合併的公
司產品與本公司產品有互補性，部分關係人卻認為彼此沒有關
連性。誰來評斷這樣的合併到底有無關連性或互補性？

事實上，在台灣的上市櫃公司中的確存在著許多和公司本
業不相干的合併。最常見的就是因為借殼上市產生的合併。或
是公司高層以公司轉型或是開拓新潛力產品為由合併未上市公
司。

這些合併案除了有上述挾帶上市、圖利大股東之嫌外，另
一個問題是，面對大股東的決策，小股東往往無力反對，最終
只能用腳投票，把股票賣掉離開。

目前我國相關法令基於對公司自治的尊重，並未（也不
太可能）對公司合併何類公司或是合併業務與原有公司業務關
連性作出規範。可是不難理解，除非一家公司管理制度和員工
能力強到作什麼業務都能隨時上手，否則去購併和本業不相關
的公司，就公司而言，不論是專業經營能力、人才管理，甚至
是財務上都不見得是件好事。而以本案例來看，聯陽高層認為

四合一有互補性，但部分人士認爲不全然相關，未來如何定義「關連性」，勢必也值得討論。

　　目前在上市上櫃公司治理實務守則中有規範，公司發生管理階層收購時，宜組成客觀獨立審議委員會審議收購價格及收購計畫之合理性⑤。茲建議可將本條款引伸至同一控制股東對於合併與被合併公司決策同具有影響力時並適用本條款。此外，針對非相聯性合併，建議除現有程序與財務計畫外，應要求合併公司提出更爲合併理由及後續營運計畫，以釐清小股東對合併案的疑慮。

註釋

① 「上市上櫃公司治理實務守則」第 32 條要求董事應秉持高度之自律，對董事會所列議案如涉有董事本身利害關係致損及公司利益之虞時，即應自行迴避，不得加入討論及表決，亦不得代理其他董事行使其表決權，董事間亦不得不當相互支援。

② 初次上市審查重要法規包括「臺灣證券交易所有價證券上市審查準則」、「作業程序」、「補充規定」等。

③ 2002 年通過企業「併購法」（2004 年修正），要求公司在併購決議時，董事會應爲全體股東之最大利益行之，並應以善良管理人之注意，處理併購事宜。其他企業併購可能會觸及的相關法規包括「公平交易法」、「公司法」、「證券交易法」、「勞動基準法」、「稅法」、「環境保護法」等。

④ 目前臺灣證券交易所及櫃買中心審核合併案件時，針對合併後獲利能力及淨值、是否有不宜上市櫃條款（例如被合併公司是否有非常規或不實交易、是否發生重大勞資糾紛或重大環境污染之情事、換股價格合理性、經理人是否有違反誠信原則之行爲）等進行審核。其他相關規範包括「集團企業申請股票上櫃之補充規定」、「投資控股公司申請上櫃補充規定」。

⑤ 「上市上櫃公司治理實務守則」第 12 條要求上市上櫃公司在進行管理階層收購時，宜組成客觀獨立審議委員會審議收購價格及收購計畫之合理性等，並注意資訊公開規定。

個案 5
被國際禿鷹盯上的小鮮肉
——F-再生的教訓

　　2014 年 4 月 24 日上午 10 點，一則發自《中時電子報》的即時新聞，標題為「F- 再生驚爆財報不實，美機構：毫無投資價值」震驚了市場。文中引用當天早晨美國投資機構格勞克斯（Glaucus）的研究報告指出，在台灣掛牌上市的海外公司——亞洲塑膠再生資源控股公司（以下簡稱「F- 再生」）[1]，其實際收入要比披露的數字少 90%，而且有嚴重債務問題，最後該研究機構直接把 F- 再生的目標價降至 0 元。本來當天 F- 再生最高股價還有 86.5 元，交易時間盤中突然出現這麼震撼的消息，簡單是把所有投資人都「驚呆了」！消息發布後十分鐘，F- 再生跳空跌停直到收盤（詳見圖一）。

國際禿鷹的獵殺

　　F- 再生由菲律賓籍的華僑丁金造在 1994 年成立，營運總部位於福建省晉江市。主要從事鞋廠邊角料和廢塑膠的回收及

再製,爲中國最大的醋酸乙烯共聚物(EVA)材料廠,產品主
要運用於鞋材和箱包,由於F-再生原料主要來自廢料回收,因
此其毛利遠高於當地同業,但恰恰是這一點引發了格勞克斯的
質疑。在格勞克斯的研究報告中,以五項理由強烈建議投資人
賣出F-再生股票,包括:

◆ 誇大資本支出:該報告以政府公開資訊對比,認爲F-再
生在2011～2013年於福建與江蘇的資本支出,相較於公司向
台灣監管單位及投資人揭露的資訊,至少誇大了人民幣4.22億
元。

◆ 誇大淨利潤:從政府稅收資訊反推營利,顯示F-再生在
台灣公告的獲利資訊被誇大了10倍。若與當地繳交相似稅額的
同業營業額作比較,F-再生也可能誇大它的營業額。

◆ 普通業務卻享有超高毛利令人質疑:包括從回收廢料再
轉化爲發泡材料,在技術含量低及最終產品普通的情況下,何
以有辦法在2010～2012年平均毛利達33%,高於同業的7%。
此外,用回收廢料製造出來的產品怎麼可能價格和新品製造的
產品價格差不多?再者,F-再生每一年都保持幾乎一致的利潤
率,例如明明2012年平均售價下跌了27%,且成本和前一年
相差不多,當年毛利率卻從38%上升到40%。最後則是銷售數
字明顯不合理,包括2012年F-再生每位員工創造營收是同業
的4倍,以及2010至2012年平均年營收成長率爲19%,但從
當地工商局數據顯示同業同期成長率爲0。

◆ 融資需求性存疑:F-再生在2011年首次公開發行

（IPO），2012年再次增資及發行可轉債，理應帶進大量現金流，但帳上卻有超過10億元的銀行借款，並不合理。

◆ 公司價值高估：由於對F-再生公告之營利、現金、應收帳款及固定資產真實性存疑，且中國境內負債及應付帳款合計約36億元，一旦F-再生發生財務問題，在其境外資產有限而境內追討又將面臨中國複雜的司法系統下，台灣投資人持股最終將變得一文不值，因此格勞克斯將在台灣掛牌的F-再生目標價定為0元。

F股慘遭池魚之殃

針對格勞克斯的指控，F-再生當天晚上即由財務協理召開記者會予以澄清並一一反駁，但依舊無法化解投資人疑慮，隔天F-再生直接以跌停開出直到收盤。4月27日，董事長丁金造在週日早上率公司高階主管及簽證會計師、律師召開第二次記者會，除了對於指控再次提出說明外，更宣布將以丁氏家族共同基金以及公司實施庫藏股方式進場買股來對抗空頭，並將對格勞克斯提出法律訴訟。經營層的強力宣示，股市卻不領情，週一開盤F-再生依舊跌停開出一價到底，風暴並蔓延至多檔F股。此時格勞克斯再補上一刀，又出一份內容差不多的研究報告，指責F-再生財報作假和誇大土地成本及費用。4月29日，F-再生出現第4根跌停並再次拖累其他F股。眼見風波愈來愈大，證交所由總經理出面澄清，除了強調F股從審核、承銷到

上市後之監理均與台灣本地公司並無不同外，也宣布將由證交
所上市二部協理帶領會計師前往晉江，針對F-再生經理人、上
下游客戶進行實地查核。

圖一　F-再生遭狙擊前後股價走勢

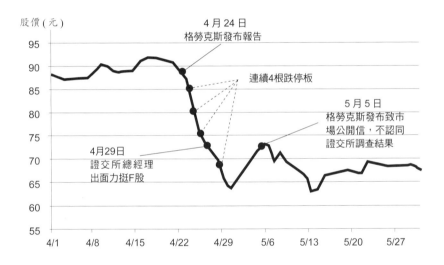

4月30日，F-再生再次跌停開出至歷史新低的60.4元，同
時有高達1萬2千張的跌停賣壓，但隨即出現強力買盤進場，
跌停被打開並拉至平盤，當天F-再生最後股價以小跌作收。5
月1日因勞動節休市，格勞克斯再發表第三份報告，還是以中
國相關政府公告數字為證，指稱F-再生浮誇土地成本及營收和
營利。次日F-再生再次以大跌開盤並一度跌停。中午過後證交

所總經理再次出面，以查核結果初步判定財報並無異常為F-再生背書，差不多同時間，大股東丁家也大量買進F-再生股票將股價從跌停拉至漲停。

　　次一個交易日（5月5日），F-再生直接以漲停開出，盤中格勞克斯發表致市場公開信（Open letter to the market）抨擊證交所：「我們花了數百個小時，超過5個月的時間研究亞太地區的個案，台灣證交所竟然能在2個工作天之內得出調查結論？」質疑證交所為F-再生背書的公信力。不過形式比人強，F-再生股價依然漲停，而自5月2日起市場融券放空F-再生張數也開始逐漸回補，整起事件也慢慢畫下句點。

結論

　　縱觀整件事件，台灣媒體都以國際禿鷹襲台，最後在證交所和公司派的共同協力下擊退了禿鷹作報導，但從事後來看，至少有二個問題很值得深思。第一，在F-再生事件之前，相信絕大多數的台灣投資人和專業投資機構都沒有聽過格勞克斯這家公司，事實上別說台灣，就連這家公司註冊所在的加州或是美國華爾街可能也沒幾個人聽過。理由很簡單，全美有數以千計各式各樣的投資研究公司，不少公司為了生存，常以驚悚的題材吸引特定投資人，這種公司通常來得快去得也快，因此多數投資人還是傾向和更具知名度和公信力的投資機構合作。既然如此，為何一個不知名的投資機構的研究報告可以在台灣

引發這麼大的連漪？令人好奇的是，一個沒有知名度機構的研究報告，又爲何能博得《中時電子報》報導這個消息的記者青睞？在報導之前，記者是否查證過這家公司或是這個消息的可靠性？如果沒有，只是因爲題材夠聳動，因此就在盤中交易時間任意發表如此重大新聞，而事後證實純屬空穴來風，媒體這樣的作爲是否該被譴責？記者的動機是否該被質疑？

　　第二，本案例最終以證交所派人實地查核後，由總經理出面保證，配合大股東丁家買進股票擊退禿鷹而告終。但台灣投資人對於格勞克斯所指控的疑慮眞的化解了嗎？如果再有一次放空公司依同樣模式指稱某上市公司財報作假，投資人是否會再次盲從？證交所是否能用同樣手法在更短時間內化解投資人疑慮呢？在台灣政府一味追求資本市場國際化的同時，針對國際禿鷹攻擊，台灣是否同時也具備國際化的因應能力呢？

✳ 公司治理意涵 ✳

✳ F股監理與保障

　　爲了提高台灣資本市場國際競爭力以及吸引海外台商鮭魚回流，金管會從2008年9月起開放外國企業來台掛牌上市，迄今F股上市櫃公司超過70家，海外存託憑證（Taiwan Deposit Receipt，簡稱TDR）超過20家，成績斐然，其中尤以在中國大陸發展的台商爲最多。

　　然而，這些年來海外上市股爭議亦不在少數，從早期F-TPK（宸鴻）和F-IML（安恩）的高獲利低配息，到本次F-再生的財報不透明事件，除了顯現出國人對於海外來台掛牌上市公司的不熟悉，誤將其視同本地公司而產生誤解或因資訊不透明容易引發恐慌外。事實上，由於這類公司的歷史成因及現行台灣當局對於陸資的規範，使得不少台商都是以註冊於避稅天堂②的控股公司來台上市，除了多了一層架構往往讓投資人對該公司在當地的真實營運狀況或財報確實性多了一份疑慮外，也因為註冊、營運和掛牌經常分屬三個不同地方，各地相關會計準則、法令規範及公司治理要求也都可能會有所差異。更遑論如格勞克斯所說的，一旦該公司發生財務問題或股東權益糾紛，台灣股東或管理當局是否真能對該公司執行海外求償或扣押其資產，都令人起疑。或許也因如此，台灣上市的F股普遍本益比均偏低。

　　金管會目前針對F股的作法是，要求該公司必須自申請上市櫃起算二年，由台灣券商輔導及協助確保其符合台灣相關法令規範，其財務報表簽證也需要由台灣的會計師擔任，會計師不得以轉包給當地會計師查核為由而僅分擔部分責任，上市櫃也需由台灣券商進行承銷。簡單地說，金管會要求F股上市櫃前後相關所有事宜都要由台灣券商和會計師一手包辦，同時也由券商和會計師負起監督和查核工作。先不說「協助」的定義實在有點模糊，如果該公司真的有財報造假或是違反相關規定，那麼負責台灣的券商和會計師到底能不能查出來？如果查

不出來而有問題發生了，那這些券商和會計師到底要負過失責任還是保證責任呢？

　　以F-再生的案例來看，最好的解決之道莫過於上市前後就先建立投資人的信心，讓投資人能先相信其上市時之財務報告和公開說明書都具有高度可信賴度，未來再面對禿鷹攻擊時，市場自然能有基本的信心作為回應。以最多中國企業海外掛牌的香港交易所為例，針對類似問題解決之道，除了要求加強揭露公司資訊外，針對新申請上市公司，香港交易所強制要求需有「保薦人」及「合規顧問」③，以確保該公司從上市申請直到第一年年度財務報告都能符合港交所相關規定，似乎可以作為台灣的參考。

✳ 放空（沽空）機構

　　近年來，由於大量中國企業尋求海外掛牌上市，而市場普遍對中小型中國企業財務報告可信度存有高度質疑，因此這類公司往往就成為放空公司（short seller）鎖定的標的，其中市場最知名的有渾水（Muddy Waters Research，取名自中文的渾水摸魚）和香櫞（Citron Research），以資歷而言，格勞克斯算是後起之秀。這些公司的作法多半會先行放空某公司股票後，再出具對該公司未來前景看壞的研究報告，企圖讓公司股價下跌而從中獲利。這也是為什麼在F-再生案例中，格勞克斯一出手目標價就是0元，因為他們希望造成市場恐慌而讓股價快速下跌。下頁圖二為格勞克斯發布報告前後的F-再生融券

餘額變化。只是由於這樣的手法和一般期待從公司股價上漲中賺錢不同，因此也常引發爭議和訴訟。一般而言，主管機關調查的重點，會放在這家公司所出具的報告是否有善盡其查證責任而非惡意放空，如果是惡意放空，就會有企圖影響股市的刑責。

　　在本案例中，由於格勞克斯並未在台灣設立分支機構，不管是善意或惡意，事實上台灣主管機關對其也無可奈何，只能以支持丁家於美國提告方式向格勞克斯求償。但如同格勞克斯對F-再生報告的表頭引用馬克吐溫名言：「當事實還在穿鞋，謊言已經跑過半個世界了」（A lie can travel halfway around the world while the truth is putting on its shoes.-Mark Twain）。從過去戰績來看，其實這些機構在意股價下跌更重於對事實真相的挖掘，這或許是台灣投資人下次再看到這種驚恐報告時，該先對這類公司本質先作了解的。

　　此外，從股市穩定角度思考，這些放空機構的確是市場安定破壞者無誤，但從公司治理角度來看卻不見得如此。所謂無風不起浪，反思這些被鎖定放空的公司，基本上都存在著營運所在地公告資訊與給投資人財報資訊不對稱，或是營運毛利不合理偏高的問題，才讓放空公司有機可乘。只要其研究報告是根據事實沒有浮誇造假，放空公司的存在對於操弄財報或是假造財報的公司而言，何嘗不是一大警鐘？

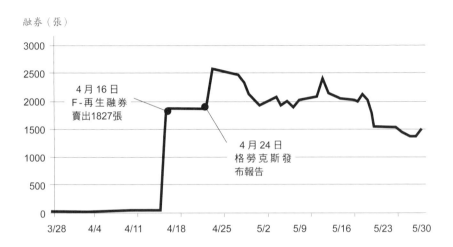

圖二 F–再生融券餘額變化

融券（張）

4月16日 F-再生融券賣出1827張

4月24日 格勞克斯發布報告

✳ 媒體自律與股市干擾

　　F–再生為台灣第一起受國際禿鷹攻擊案，卻並非第一起禿鷹案。早在2005年即有股市大戶涉嫌勾結金管會高官及記者，先行放空公司股票，再由記者在媒體揭露造成公司股價大跌的「勁永案」④。其中最令人玩味的是，當時同一家報社的旗下二份報紙，竟然針對勁永發布完全相反的意見，且事後發現撰寫記者同時間也參與放空勁永股票，雖然記者最終被判無罪，但是否有道德瑕疵就值得討論了。

　　回頭想想媒體的本質，它應該只是個資訊的傳遞者和新聞的報導者，但是在市場競爭下，台灣媒體經常只是求快而不

去求真，然後再以「新聞自由」，或是「讀者有知的權利」、
「本報導只是轉載，並不代表本社立場」來推卸責任，媒體反
而失去其原始的意義，甚至在更多政治性新聞上，我們看到的
媒體都不再單純只是新聞的報導者，他們經常在新聞中插入個
人意見，企圖引導你我的想法，眾所皆知，媒體在台灣已成為
主要亂源之一。

　　媒體既然是公器，當然就不能被私用，也應該要有更高
的道德和自律標準，我國在「證交法」第155條對於意圖操弄
股價有所規範，但看看每天打開電視隨處可見的「老師」就知
道，處罰和威嚇的效果並不彰。基於股市的健全發展，建議檢
調及投保中心對於這類無端放出影響特定公司股價消息，但事
後確查無實證的媒體，應該要求其付出相對代價，而不能躲在
新聞背後就無端放矢。

＊ F股形成上市另項選擇

　　由於 F 股的目的是吸引海外公司來台上市，因此上市條件
與台灣本地公司並不相同⑤，以 F 股名義掛牌的主要優勢在於
其輔導期較短可以較快上市，以及配發股利所得視為海外所
得，投資人可享有海外所得免稅額優惠 ⑥ 及免付健保補充保
費，但相對付出的代價為券商輔導費及承銷費較高，且上市審
查（特別有陸資時）較嚴格及市場偏好度較低等。正因為制度
的不同，再加上多數 F 股申請上市者多與台灣有密切關係，因
此也偶見具爭議性的申請案例，比如明明主要業務都在台灣的

業者，卻以全球布局爲由，於免稅天堂設立控股公司，再以 F 股回台上市；或者主要業務都在中國大陸，以購併台灣本地公司申請一般上市等。平心而論，F 股或一般上市各有其利弊，但既然 F 股涉及大筆本地資金匯出以及稅賦優惠，證交所在進行上市審查時應更著重其經營本質及未來營運計畫，以避免魚目混珠。

註釋

① F 股為股名開頭為「F- 公司」或「F* 公司」的股票（二者差別在於前者和台灣一般股票一樣，面額為 10 元，後者為無面額或面額非 10 元），係指註冊於台灣以外地區但於台灣證券交易所首次掛牌交易的公司（亦稱「第一上市」）。和 F 股相近的還有 TDR（台灣存託憑證），這是指在海外他地已掛牌上市，另以存託憑證方式在台灣掛牌（亦稱「第二上市」），例如「泰金寶」即是在泰國股市掛牌交易，台灣交易的泰金寶 TDR 權利 1 股等同 1 股泰國掛牌的泰金寶普通股。

② 避稅天堂（Tax Heaven）是指世界上有些國家及地區為了吸引投資，政策上允許設立於該地區的公司相關商業行為完全免稅且僅收取低廉費用，造就不少公司前往設立僅有公司登記之名而無營運之實的紙上公司（Paper Company）藉以規避稅賦，因此被戲稱為避稅天堂。知名的避稅天堂包括英屬維京群島（British Virgin Islands，BVI）、開曼群島（Cayman Islands）、盧森堡（Luxembourg）、薩摩亞群島（Samoa）等。台灣早期由於對中國大陸投資有嚴格限制，再加上中國對台資亦有相關規範，因此不少公司都先在這些地方設立紙上公司，再化身為外資繞道進軍中國。後來隨著中國的日益開放，這些紙上公司往往搖身成為控股公司，控有多家中國本地公司，最後為了規避台灣對於在台上市公司陸資的限定，最後多由這些控股公司來台上市。如 F- 再生就是註冊於開曼群島，旗下以三斯達（福建）塑膠為主體，另有 Sansda Holding Limited、三斯達（江蘇）環保科技、三斯達（香港）等子公司。

這類控股公司由於大都是紙上公司，主要收益和資產都來自子公司，再加上註冊（避稅天堂）、營運、掛牌分屬三個不同地區，而各自又有不同法令和規範，因此常讓投資人產生疑慮，自然也會是放空機構鎖定的對象。

③ 企業上市期間經常出現二種爭議，一個是未正式掛牌前發現公司疑似有舞弊問題；另一種是上市後第一年就發生如營收急速下滑或因不熟悉而違反法令規定等問題。雖然目前主管機關要求外國發行人應由兩家以上推薦證券商（包括主辦承銷商）出具評估報告，書面推薦上市，且於掛牌後兩年內持續評估及協助遵循法令，但仍偏向輔導角色，成效有限。對此，香港交易所發展出保薦人和合規顧問二種制度，規定準上市公司必須至少有一家「保薦人」，而自新上市第一日起則要委任一家「合規顧問」至第一年年度財報公布為止。保薦人顧名思義就是對準上市公司兼具「保證」和「推薦」二種性質，對投資人而言對於陌生的新上市公司等於是多了一份監督和保證（若上市公司有問題，保薦人有民事和刑事責任）。該公司上市後至第一年財報公布前，若有重要交易、資訊公告等都需先徵詢合規顧問意見後才能實施，確保其上市第一年能符合相關上市規範。

④ 勁永是一家資本額小，且公司治理較差的公司，在博達案後台灣股市作手紛紛鎖定體質或經營可能有問題的公司予以放空。神奇的是，在正式消息未確認前，《聯合報》就獨家揭露調查局認為勁永財報不實，造成勁永股價跌停。更神奇的是，隔天同報系的《經濟日報》卻反駁勁永未受調查局搜索，消息一出反讓多頭藉機軋空把股價拉上漲停，並在近二個月內把勁永股價拉了一倍。這期間《經濟日報》記者還唱好勁永前景與熱門的 iPod 掛勾，但不久後《聯合報》又發布獨家消息「勁永遭搜索　董事長三人限制出境」，而且內容居然和證交所內部未公開報告一字不差，此消息讓勁永連續跌停 15 天。後來高檢署查黑中心在搜索本案相關金主時，居然發現來自金管會檢查局長李進誠的指示字條，整起事件愈演愈烈。最後本案有證交所多位高層被起訴，《經濟日報》記者也因同時間操作勁永股票而首創記者被起訴的案例，不過本案多數被告連同記者最後都判無罪。

⑤ 下圖以本國企業或 F 股掛牌標準比較：

項目	本國企業		F股	
	上市	上櫃	第一上市	第一上櫃
設立年限	3年以上	2個完整會計年度	任一從屬公司有3年業務紀錄	2個完整會計年度
資本	6億以上	5千萬元以上	6億以上	1億元以上
獲利能力	稅前純益占股本達下列標準，且無累積虧損： ·近2年均達6% ·近2年平均6%，且近1年度較佳 ·近5年均達3%	400萬元且稅前純益占股本達下列標準，無累積虧損： ·近年度4% ·近2年均達3% ·近2年平均3%，且近1年度較佳	過去三年度稅前純益達2.5億幣，且最近一年度1.2億台幣及無累積虧損	400萬元且稅前純益占股本達下列標準，無累積虧損： ·最近年度4% ·最近二年度均（或平均）達3%以上，且最近年度較前一年度為佳
股權分散	股東1,000人以上，公司內部人以外之股東500人，且其總持股份總額合計占發行股份總額20%以上或逾一千萬股	公司內部人以外之股東300人，且其總持股份總額合計占發行股份總額20%以上或逾一千萬股	股東1,000人以上，公司內部人以外之股東500人，且其總持股份總額合計占發行股份總額20%以上或逾一千萬股	公司內部人以外之股東300人，且其總持股份總額合計占發行股份總額20%以上或逾一千萬股
其他	興櫃登錄6個月		輔導6個月或興櫃股票登錄6個月	

⑥ 現行規定是海外所得 100 萬元以下，或是海外所得 100 萬元以上，但加計台灣所得超過 600 萬以下免申報海外所得。

為什麼除權息要同步扣掉股價？

每年的6至9月是台灣上市櫃公司發放現金股利和股票股利的旺季。在股利發放基準日當天，該公司的開盤價會同步扣除發放的現金（除息）和股票（除權）價值，因此股利有拿等於沒拿。除此之外，個人或法人收到股利還要併入所得繳稅，甚至個人收到一定金額以上股利還要多扣除一筆健保補充費（目前為1.91%），等於是倒貼。尤有甚者，由於真正收到股利多半是除權息後一個月左右，如果這段時間股價上漲也就罷了（填權息），要是倒楣碰上股價下跌（貼權息），投資人等於是賠了夫人又折兵。因此有人提出了是不是除權息可以不要同步扣掉股價？

這個概念最早由日本搞笑藝人志村健提出。哦，寫錯了，是一個長得像志村健的分析師在電視上呼籲，由於正值台股重挫，此案一出立即獲得廣大股民迴響，也讓主管股市的金管會認真的研究了這個提案的可行性。結果不意外，金管會以不符合國際慣例而予以否決。

除權息為什麼要同步扣掉股價？從理論上來說，一家公司配給股東現金或股票後每股淨值會跟著下降，因此市價要同步扣除權值。或者也可以反過來說，如果除權息不扣股價，那麼很多人會搶著在除權息日前購入股票，然而一旦權息值過大

（例如配發 3 元股票股利），投資人會在除權息日後發現市價高過每股淨值或偏離預期未來本益比太多而賣出股票，股價同樣會下跌，結果是差不多的。

　　看起來這項提議只是無稽之談，其實想想也不盡然。投資人之所以在意除權息要扣掉股價，除了政府單位附加於股利一些莫名其妙的如健保補充費外，主要還是股價下挫，除權息常常造成投資人雙重損失，或者因為集中除權息造成指數的短暫失真。個股股價或大盤指數下跌，自然不是個人或政府所能控制，只是從此議題中衍生台灣股市現有的另外二個制度上的問題：

　　（1）為什麼台灣上市櫃公司絕大多數都要集中在 6 到 9 月，特別是 7 月和 8 月除權息？如果可以分散除權息日，不就可以降低除權息對於大盤指數的影響。

　　（2）為什麼台灣上市櫃公司一年只能盈餘分配一次？如果可以像日本和香港公司常見的一年配二次，或是像美國公司的季配息甚至是每月配息，不就能大幅降低除權息對個股股價及大盤指數的衝擊？如此一來亦有助於公司股價填權息。

　　首先，探究台灣上市櫃公司絕大多數都要集中在 6 到 9 月除權息的主因，在於現行法令雖然沒有限制各家公司的會計年度終始，但在台灣將近 1,600 家的上市櫃公司中，除了少數海外公司回台上市（F 股）和台灣存託憑證（TDR）公司外，全數都是採取 12 月 31 日為會計年度截止日的曆年制。由於「公司法」規定，除非經主管機關核准，否則公司必須在會

計年度結束六個月內召開股東常會①，再加上「證交法」規定上市櫃公司必須在會計年度結束三個月內向金管會申報經會計師查核及董事會、監察人通過之年度財務報告②。所以不難想像從年度終了前至隔年三月間，全台灣所有簽證會計師事務所及上市櫃公司財會人員都會進入不眠不休的瘋狂工作，因為有1,500家以上的上市櫃公司都要在差不多的時間內完成財務報表的查核，接下來這1,500多家公司也會在差不同的時間內公布年度財務報告。緊接著，市場會開始密集的關注這1,500多家公司的盈餘及可能配股情況，再來又是這1,500家公司密集地在差不多的時間同時召開股東會，然後密集的除權息，再密集的配股配息。

　　1,500多家上市櫃公司都在差不多的時間內作同樣的事，聽起來好像很有效率。可是……你覺得這樣好嗎？

　　是不是有可能，會計師及查帳人員因為時間緊湊和工作量的繁重而不能進行一些細部的查核？是不是有可能，一些不好的公司因此混在大堆頭裡而魚目混珠？是不是有可能，因為大家都同一時間開股東會，所以讓有意願參加的股東分身乏術？是不是有可能，因為大家都同一時間除權息，造成台灣加權指數會在特定月份偏離正常值？

　　由於曆年制符合多數人生活習慣，因此絕大多數上市櫃公司採取曆年制自然不意外，同類型公司採取同樣會計週期也有利於投資人和分析師作比較。而且平心而論，大多數公司都採取齊一會計年度期間的作法在許多國家亦是如此，但這並不表

示這樣就是唯一的選擇。一個國家所有上市櫃公司都集中都同
一段時間作同一件事，不但沒有效率，而且很容易藏污納垢。
公司會計年度起始屬於公司自治事項，自然不可能立法限定，
但是否可以採取輔導或獎勵方式引導現有甚至是要求未來新上
市櫃公司採取非曆年制，或是放寬現行法令依會計年度終了後
限期完成年報及股東會限制，改以要求個別公司建立固定週期
方式，以解決台灣股市現行「塞車」情況，相信是很值得主管
單位好好研究的。

　　再提到第二個問題，為什麼台灣的公司一年只能分配盈餘
一次呢？這同樣是因為現行公司法限定公司前一年度未分配盈
餘不能作二次分配之故③。公司法修正在2014年1月經行政院
會通過未來可望放寬為一年二次。看似有很大的進步，可是仔
細想想，根本的問題應該在於「政府為什麼要去管一家公司一
年要配息幾次？」。只要這家公司衡量自身的財務狀況及配息
作業成本符合效益，就算是月配息又如何？事實上，台灣一些
公用事業（如天然氣、有線電視及電信公司）由於收入與支出
相對十分穩定，如果採行季配息或月配息模式更能夠吸引賺取
追求固定收益的投資者，對公司股價的提升和股權穩定亦有很
大作用，何樂而不為？

　　事實上，這個問題除了法令限制外，在現行台灣制度下還
牽涉很多因素，包括：

　　·**股東接受度**：在美國制度下，股利分配是由董事會通
　　　過即可，因此一方面公司多會有固定股利政策（如每

季發0.5元）及固定除息週期（如固定3、6、9、12月配息），另一方面董事會同時保留隨時調整的彈性。但是，在台灣股利則需經股東大會通過，要因為決定股利而每次都要召開股東會自然不切實際，而如果股東會一次決議全年股利，再把原本一次拿改為二次或四次延後拿，股東是否接受也是個大問題。

· **現行作業成本過高：**目前公司發放股利及股利入帳均要求要寄發給股東書面通知。尤有甚者，一些未留有銀行帳戶的股東，公司還要用掛號信寄發支票，大大提高公司作業成本。

· **大股東避稅成本提高：**台灣常見大股東於除權息前賣出股票，待除權息完後再於公開市場買回藉以規避綜合所得稅，除權息頻率過高自然提高大股東交易成本，影響其意願。

· **融券回補：**融券賣出是指投資人因為看空後市但手中無股票，所以先向證券公司借股票來賣。基本上台灣的融券戶一年會碰上至少二次強制回補，分別為公司召開股東會及發放股利。理由相同，都是為了公司得以編定股東名冊確定個別股東權益，卻也因此不時有公司故意釋放利空消息誘惑投資人融券放空，自己吸納市場一定籌碼後，再突然宣布股東常會（或臨時會）迫使融券戶高價回補，此行為被稱為「軋空」，也是台灣股市常見亂象之一。目前金管會已在推動修改規則，未來只要融券

　　賣出股票來源非來自融資，則融券賣出遇股東會或發放
股利不需強制回補，這個問題未來將不再存在。

　　以上問題看似複雜但並非無解，以股利需經股東大會通
過而言，看似達到股東直接民主，但以過去台灣上市櫃公司經
驗，絕大多數股東大會都是依董事會提案通過，公司股利方案
需經股東大會通過才能發放並無太大實質意義。何不考慮將公
司股利決策交由董事會決議即可，或是考慮善用股東會電子投
票平台來落實股東直接民主。

　　同樣的道理，在資訊發達的年代仍要求上市櫃公司或其股
務代理公司股東相關文件（召開股東會通知書與委託書、股東
會會議紀錄、股利通知書、股利入帳通知書等），都必須以實
體書面通知，其實是一件沒有效率而且耗費成本的工作。事實
上，多數人收到上列文件也只是隨意看看就丟棄，形成資源的
浪費。主管單位一直不願修改，理由永遠要照顧那些80多歲不
會用電腦的老杯杯，問題是這些人加起來到底占一家公司多少
股份而需要讓公司這麼作？為了那101個不會用電腦的人，結
果一家公司成千上萬的股東都必須要收到實體通知豈不可笑？
更重要的是，既然一些帳單都可以讓顧客選擇電子化，為什麼
公司對股東相關文件一定要實體？台灣號稱科技王國，但在公
文及書面無紙化，甚至許多電子通訊的應用方面，卻遠遠落後
許多國家。

　　在股市下挫的當下，工商大老和財經名嘴忙著疾呼減稅、
貨幣貶值等傳統手法或是異想天開的除權息不扣股價來救股

市，但又有多少人願意認真思考，台灣現行股票市場是不是健全，制度上是否有再調整之處。股市下挫，不正是我們該重新思考好好調整台灣資本市場體質之時？

————————

註釋

① 依據「公司法」第 170 條，公司應於每會計年度終了後 6 個月內召開股東常會。

② 依據「證券交易法」第 36 條，上市櫃公司應於每會計年度終了後 3 個月內，公告並申報經會計師查核簽證、董事會通過及監察人承認之年度財務報告。

③ 按「公司法」第 228 條規定公司之盈餘分派議案，應於營業年度終了後由董事會提案經股東會決議，乃寓有僅准予就上年度盈餘為一次分派之意，即現行「公司法」尚不允許就上年度未分派盈餘做二次發放。行政院於 2014 年初通過「公司法」部分條文修正草案，未來公開發行股票公司可於每半會計年度終了後辦理盈餘分派，代表一年可分配二次盈餘。

個案 **6**
用小錢玩大權，
股票質押玩槓桿

　　2012 年 12 月 24 日上市公司三陽工業（以下簡稱「三陽」）召開臨時股東會，主要目的在追認六月份股東會未通過的前一年度營業報告書、財務報表，以及盈餘分配議案①。照道理說，這場股東會既無董監選舉也沒有重大議題表決，理應相當平順，但由於臨時股東會召開前夕，公司派及市場派雙方人馬即不斷隔空放話要利用臨時股東會罷免對方不適任董事，再加上市場派多次於報紙上以「三陽工業股東權益促進會」名義登刊陳情連署書，對三陽公司以董事長黃世惠及其女副董事長黃悠美為首的經營階層不僅長期掌控董事會，並針對績效不佳及涉及掏空公司等公司治理議題提出質疑，希望能獲得小股東認同以提前改選董監事。結果雖然只是召開臨時股東會，雙方人馬卻擺出了視同經營權攻防戰的陣式，各自找來了市場上知名的「王牌律師」②和前立委來助陣。如此一來，原本普通的臨時會到頭來卻演變成繼 2012 年中石化經營權之爭後另一場激烈的攻防角力。有趣的是，代表公司派的梁懷信（鉅業律師事務所）和市場派陳錦旋（博鑫律師事務所）才在六月的中石

化經營權之爭交手，再加上公司派臨時換上的董事邱毅和白旭屏，都曾任中石化董事，整個股東會角力，就等同是中石化董監選舉的延長賽。

三陽工業的興衰

三陽工業是台灣老牌的企業。創辦人黃繼俊早在1947年便創立慶豐行，將日本本田（Honda）生產的50C.C.引擎加裝在自行車上出售，而首開國產機車之濫觴。慶豐行後來進而成為本田機車第一家海外代理商，並在1961年正式引進日本本田技術與資本合資成立三陽工業，成為台灣第一家機車製造廠。1977年雙方再合資成立南陽實業公司，成為本田汽車台灣區總經銷。1979年三陽創辦人黃繼俊病危，由長期在美國與日本擔任腦神經外科醫生的長子黃世惠返國接班，並於1980年繼任為三陽工業與南陽實業董事長。在黃世惠任內，慶豐集團逐步成型，從傳統汽機車銷售與製造，逐步跨足營建水泥、投資、貿易等業務而成為台灣前十大集團，黃世惠並在1985到1987年榮膺為中華民國全國納稅人第一名。

1985年台灣因十信案爆發首波的本土型金融風暴，連帶拖累了國泰集團旗下的國泰信託投資公司，引爆大量擠兌。在維持金融穩定前提下，由財政部指定銀行團監管國泰信託三年後，委請慶豐集團接手，國泰信託在1992年申請變更為商業銀行，並在增資達100億元後於1994年更名為慶豐銀行，此時

的慶豐集團製造部門搭上新掘起的中國及越南市場，台灣市場
又踏入一直是寡占而具暴利的金融業，不但完成了全方位的布
局，也讓集團發展達到了頂盛。只是誰也沒想到，跨足金融業
這一步最終卻成為了慶豐集團由盛轉衰的關鍵。

財務調度捉襟見肘

　　1990年財政部發布「商業銀行設立標準」並開放新商業銀
行設立申請，並於1991年開始陸續開放新商業銀行的成立。
一時之間，銀行業從過去的寡占暴利成為了眾家必爭之地。由
於各家銀行都爭作相同的放貸業務，造成授信品質和存放款利
差節節下滑。承接國泰信託的慶豐銀行雖然有自家集團作為靠
山，但由於對金融業尚不夠熟練，為了搶奪市場所設計出的
「速配貸」雖然快速拿下市場小額信貸和債務整合大餅，但卻
因整體大環境轉差而造成逾放比節節高升。而1999年繼亞洲金
融風暴後的台灣本土型金融風暴更是重創慶豐集團，一方面集
團由於業務過於廣泛，造成資源分散，因而在金融風暴後，業
績大幅下滑，資金調度出現問題；另一方面，旗下原本體質不
佳的慶豐銀行則是踩到多家本土問題企業地雷造成淨值嚴重下
滑，二者交相影響下的結果，慶豐集團負債大幅攀升。為了挽
救旗下企業，慶豐集團總裁黃世惠選擇面對債權人，將名下資
產及股票大幅質押來協助集團渡過危機。也因為黃世惠三陽持
股超過九成都質押在銀行，進而埋下了本次經營權爭奪戰的導

火線。

引狼入室奪經營權

　　2008 年 1 月 31 日三陽工業公告由旗下百分之百持股的子公司上揚資產開發與美孚建設合作開發三陽位於台北內湖面積達 1 萬 1,200 坪的舊廠區土地。由於當時台北地區不動產價格開始逐步上升，市場預估本開發案利益高達 200 億元，讓三陽的潛在價值也開始慢慢浮現。2010 年後，由於大環境的回春，再加上三陽本業隨著新代理的韓國現代汽車創下佳績，三陽股價開始回升，也讓長期持有三陽質押股票被套牢的銀行終於有解套的機會，開始紛紛拋售持有的三陽股票。這個舉動讓市場派發現了可趁之機，不留痕跡地透過公開市場慢慢吃下銀行釋出股權，一直到 2011 年股東會召開前夕透過股權的計算，三陽公司派才驚覺共同合作開發內湖廠區的美孚建設彭誠浩家族已不動聲色地取代黃世惠家族成為第一大股東。其他前十大家股東名單中，還包括了在一個月內就購入 1.6% 三陽股權的兆星投資和以個人名義持有的吳清源和張文隆，各以持有 1.59% 和 1.15% 分占第 6 和第 10 大股東。換言之，當三陽公司派發覺時，多方人馬早就暗中插旗（詳見表一）。

　　最終的結果，雖然公司派極盡全力試圖從徵求委託書來鞏固經營權，董監選舉結果出爐，全球人壽受限於「保險法」無法投票，然而在市場派集中選票之下，分別由吳清源及高力川

二人奪下得票數最高前二名。打破了黃世惠家族自 2002 年以來
囊括全數董監席次的局面。自此之後，市場派仍不停加碼三陽
股份，並於 2012 年三陽股東大會中動用表決優勢否決公司派提
出的年度財報追認和盈餘分配案，也種下後續的經營權之爭的
因果。

表一　三陽工業前十大股東異動情形

2010 年		2011 年	
戶名	持股比率（％）	戶名	持股比率（％）
慶豐環宇	8.35	全球人壽	7.81
三陽投資	6.30	慶豐環宇	7.70
三陽化學	2.59	三陽投資	4.05
川碩投資	1.96	川碩投資	3.00
邱黃麗華	1.57	兆星投資	1.60
旭茂投資	1.40	吳清源	1.59
邱垂政	1.36	邱黃麗華	1.59
賴達明	1.12	旭茂投資	1.40
德產汽車	0.98	邱垂政	1.36
三商美邦人壽	0.79	張文隆	1.15

　　三陽公司派與市場派之爭終於在 2014 年 6 月 18 日的股東
會畫下句點。市場派最終取得 5 席董事，超出公司派的 4 席董
事而取得經營權。然而在此之前，為了對抗市場派，公司派搞
了一連串光怪陸離的舉動，包括股東會開會地點揚棄傳統新竹

總公司，而改租用台北場地，公司派並以維安為由，將股東進場動線弄得如同迷宮，讓人不禁質疑有意仿效2012年中石化公司刻意用嚴格安檢及變更議程手法將市場派人士阻擋在外。尤有甚者，台灣證券交易所在6月17日以股東會場地「違反建築法規及不符合安全檢查規定」將三陽打入全額交割股，造成三陽股東重大損失。甚至股東會當日，公司派也企圖以提議流會及拖延董事選舉等方式嘗試扭轉局勢，然而由於市場派道高一尺，於股東會召開前先行以電子投票方式將所持有52%持股選出董事，最終大勢底定，經營權正式易手。

結論

　　企圖讓公司被打入全額交割來拖延股東會召開，或以安檢為由拖延市場派進場，這些看似神奇的招數，事實上在2011年的國巨與大毅經營權之爭，及2012年史上最荒謬的股東會——中石化中都曾用過。同樣的爛招之所以能一再重現，除了背後都是同一批「游牧救援董事」操盤外，隱含的不正是台灣立法的怠惰和主管機關的縱容？

　　當大家在檯面上看到公司派與市場派為了經營權之爭，無所不用其極，各出奇招精采的攻防。又有誰在意當中被犧牲的小股東權益？在金管會和證交所每每高舉著公司治理大旗時，請問一下這種爛戲還要上演幾次主管機關才懂得出面制止？

✳ 公司治理意涵 ✳

✳ 用小錢玩大權

　　不難理解，當一家公司經營者所持有的股份比例愈低，愈可能引發經營者把個人利益置於股東利益之上。舉例來說，一家公司如果老闆持有公司90％股份，那麼公司賺100元就有90元屬於這個老闆，自然降低了老闆想要掏空公司的意願。相反的，如果老闆僅持有10％的股份，賺100元才有10元屬於老闆，自利動機自然讓他想盡辦法掏空公司，好把錢放進自己口袋。特別是在公司成為上市櫃公開交易後，一方面由於法令要求的股權分散，再加上小股東原本要團結起來就不容易，因此往往僅需不到三成的持股就可以完全控制一家公司。這對許多大老闆而言，其實是不小的誘惑。尤有甚者，不少企業主可能還不滿足，更進一步用公司的錢成立大大小小的投資公司，再由這些投資公司透過交叉持股或金字塔型持股回頭來買母公司的股票，並利用自己對母公司的控制權影響這些投資公司的投票權，進而鞏固自己的經營權。如此一來，甚至只需一成左右甚至更低的持股，一個老闆就可以完整地控制一家動輒數億到上百億市值的公司。

　　老闆們對公司的持股愈來愈低，如前所述，相對誘惑老闆進行掏空或是進行可能危及公司生存的重大決策的機率自然也就愈來愈高。公司經營者以低持股掌控公司、複雜的關係人交易和轉投資，幾乎在近年台灣每一個大型掏空案中都是固定必

然的模式。

　　然而，在市場愈益關心公司董監事低持股的同時，有些公司控制股東選擇了另一類捷徑，把所持有公司股票以質押方式向金融機構借錢。表面上來看，這位老闆仍持有公司相當程度股權，但實際上這些股權都早已抵押給銀行了。從良善面來看，這或許代表著公司老闆很懂得「理財」，知道如何善用低利率把資金作為更有效運用。可是如果從另一方面想，假設一個老闆把手上多數股票都質押了（表二為2015年董監質押超過八成的公司），其實也等同實質低持股，大幅降低了老闆個人與公司休戚與共的精神。此外，持股高度質押等於把個人財富和公司股價直接鏈結，高質押股票老闆可能為了維持股價在一定價位以上（否則會被追繳）而不停釋出利多，甚至是動用公司影響力以庫藏股護盤等。

表二　2015年董監質押超過八成的公司

公司名稱	質押率（%）	公司名稱	質押率（%）
光洋科	96.45	千興	85.29
美亞	94.96	華映	82.61
安泰銀	92.34	慶豐富	82.60
如興	90.62	磐亞	81.59
新纖	87.27	國喬	80.36
佳營	87.09		

　　但反過來說，一旦面對公司展望不佳或是基於個人貪念，高質押可能造成老闆走向掏空或作出高風險決策的意圖其實是和低持股老闆一樣的，反正如果出事了，倒楣的是銀行。甚至不少這類公司老闆多熱衷於政治投資，利用政治人物來影響公有銀行放貸。最終有事，還是由全民買單。

　　針對公開發行公司董監事以高質押持股大玩槓桿遊戲可能引發的公司治理風險，台灣在2011年修改「公司法」，規定公開發行公司董監事質押手上持有股票超過當選時二分之一以上時，超出部分不得行使表決權，也不得納入計算出席股數。也就是說，如果某位董事當選時持有10萬股該公司股票，選後向銀行質押了8萬股，質押率80％，那麼在股東會時，這位董事僅能有7萬股納入出席股數（二分之一持股再加計二分之一以上未質押部分），也僅有7萬股具有投票權。從表面上看，這條法律某種程度地限定了公司控制股東利用高質押股票大玩小錢玩大權遊戲，為我國公司治理向前邁了一步。但其實就在法令通過幾個月後，經濟部就以解釋函認定，計算公司董監事質押與持有股數時，僅以股東會最後過戶日當天來認定。換言之，一位董事就選任當天開始，就算把全部100％的股票全部都拿去質押和銀行借錢，只要有辦法在股東會最後過戶日前一天借一筆錢把質押股票先贖回，讓最後過戶日帳面上符合規定，隔天即可繼續質押。抑或是董監選舉前先行請辭，到時再以一般股東身分出席股東會參與選舉，便可規避法規。等同為這個法令開了一扇後門，也等同行政部門重重打了立法院一巴

掌，讓立法委員修訂的法條形同虛設，大股東可以為所欲為質押股票重新回到原點。~~明明台灣的立委盛氣凌駕於行政部門之上，可是居然有一個法案可以在立法院通過幾個月後就讓行政部門給閹了，立委被閹居然還沒有反應，本法案真是台灣政治史上奇蹟。~~

對此，建議立法院應要求經濟部提出檢討，採取更為嚴謹的規範，包括：（一）計算股權基準日應從股東最後過戶日當天，改為自股東最後過戶日起往前追溯至少半年，以提高大股東質押股票要解套的成本。（二）直接限制質押超過二分之一以上部位時即無投票權及計入出席股數。（三）限制董監事如果選舉前半年內辭職，不得再參選。如果基於自身利益考量，一個董事可以隨便辭職個十來天，然後再宣布競選，對股東而言，這樣的董事根本沒有什麼誠信原則可言。

✳ 董事長一定要鞠躬盡瘁？

三陽在 2012 年的臨時股東會及 2013 年的股東會，原本擔任主席的董事長黃世惠皆以身體不適，改由女兒副董事長黃悠美代為主持。事實上，在之前代表市場派的「三陽工業股東權益促進會」的登報啟示也提到，董事長健康不佳，公司大小事都被副董事長一手掌握。姑且不論上述情況究竟是股東會策略亦或只是市場派逼宮文宣，黃董事長高齡 87 歲總是事實。現代人雖然健康情況遠勝於過去，董事長職責也不在勞力工作。但畢竟從生理上，隨著年紀的愈來愈大，人的思維容易僵固，

個性容易偏執是不爭的事實。民營企業雖然不像公營企業有退休年齡的上限，但一家公開發行公司高層決策卻同樣可能影響數千到數萬名股東權益。特別是亞洲企業多半有強烈父權色彩下，往往容易成為董事長個人的一言堂，在這種情況下，公司治理相關守則應鼓勵公司以內規進行限制，例如年齡上限，抑或是每逢董監改選時，候選人應提供健康檢查報告以供股東參考等。

✳ 流血競爭誰買單

　　在近幾年的台灣上市櫃公司經營權爭奪戰中，相信大家都已經愈來愈熟悉這樣的畫面。市場派在媒體上以廣告名義刊登攻擊公司派文章，公司派在同樣的媒體上再登廣告辯護，並不忘對市場派又發起攻擊，然而市場派又登廣告辯駁順便又攻擊一次……無限迴圈直到股東會召開。除此之外，由於散戶持有的委託書往往是最後決勝的關鍵，因此通路商，不管是某某委託書大王，或是各家券商也多是公司派和市場派爭相拉攏的對象。最後，不管是公司派或市場派取得最後勝利，很明顯地，媒體和通路商才是真正的贏家。

　　只是當大家都在看熱鬧之餘，不知道有沒有人想過，這些用於軍備競賽的錢到底誰要出？從公司派的角度，很明顯的這些錢都是用來澄清公司不實錯誤的公關費用，雖然真正的用途只是在幫大老闆洗白。那麼市場派呢？或許很多人認為他們所花的錢應該都是自己出的，畢竟他們還未掌握資源。可是如

果你熟悉選舉，應該知道除了「前金」之外，多半還有「後謝」。最終，不管是公司派或是市場派獲勝，往往這些開銷都將由公司所有股東共同買單，小股民擺明了「趴著也中槍」。未來要如何規範這類支出，避免全部股東都要出糧草幫大老闆打仗，值得主管機關再加以研議。

✳ 忠誠的反對黨

在台灣公司派和市場派競逐公司經營權大戰並不稀奇，不時都在上演。但本案例最大的特色就在於一般公司派與市場派互軋多發生在董監事改選前夕，雙方人馬多半吵鬧幾個月後隨著董監事選舉底定而落幕。但三陽是由市場派取得二席董事後，不甘心股權高於公司派卻無法主導公司，因此接連發動一次又一次的杯葛企圖能提早改選董事。市場派的大動作自然引發公司派的反撲，封殺所有市場派的提案。造就的結果是，因為市場派否決公司的年度財報和盈餘分配案，不但三陽公司要被罰錢③，還必須再花一筆錢召開臨時股東會，甚至是為了提高出席率和徵求委託書再發一次紀念品，而以上這些費用其實都是由三陽所有股東共同買單。類似的提案還有公司派提出的設立獨立董事，同樣被市場派否決。可笑的是，當初市場派為了吸納小股東支持而打出的口號，不正是為了提高公司經營績效和公司治理嗎？如果市場派為了獲得經營權，只懂得攻擊公司派卻拿不出真正好的提案，或是為了取得經營權不惜犧牲全體股東權益，這樣的「反對黨」就算取得了經營權，也不見得

是全體股東之福。

_____

註釋

① 依據「公司法」228 條及 230 條，董事會每年應將公司之營業報告書、財務報表及盈餘分派或虧損撥補議案，提出於股東常會請求承認。

② 當上市櫃的公司有經營權之爭時，多會發現同一批出身主管機關，且具備法律專業背景的王牌律師，率領的律師團隊隱身幕後操刀，運籌帷幄，四處爭戰，幫助客戶爭奪或捍衛經營權。

③ 公司未依「公司法」230 條於股東常會承認年度財務報告，應受主管機關行政罰鍰的處罰。

為什麼接班人是個重要議題？

　　要回答這個問題並不難，因為上市櫃公司涉及到廣大的關係人，為避免獨裁的偏執可能造成公司決策錯誤或是舞弊的可能，現代大型公司的設計都是傾向於合議制，由董事會成員共同討論及決議公司的大方向再交由管理團隊執行，董事會並同時考核與監督管理團隊的運作。但由於台灣企業發展時間並不長，目前傳統產業經營者多為第二代，而科技業多仍在第一代掌舵下，許多老闆心態還是停留在中小企業時代，老闆說了算數的運作模式，或是「因為有了我（我爸爸），才有了這家公司」，所以當然「公司一切都要聽我的」觀念；不然就是績效至上的「市場這麼競爭，哪有時間還去討論？」這些想法再加上台灣公司治理層面上存在著許多如法人董事代表、母子交叉持股等落後制度，所以看起來應該是合議制的董事會，在台灣實質上多半仍是董事長一言定槌的獨裁制。在這種情況下，董事長就如同以前的皇帝，遇上英主本朝就興盛，碰上昏君王朝就沒落，所以誰來接班當然很重要。

　　這樣環境加上傳統公司創始者對子女繼承家業的強烈期望，就形成了台灣「傳統的」接班問題──「林北①（老子）叫你接，你就給我接」。簡單地說，對許多大老闆來說，林北這麼辛苦的創立江山，就是希望子孫能一直接下去把事業愈作

愈大。你是我的兒子（特別是長子），林北的事業當然要交給你，我才不管你有沒有意願、有沒有能力、有沒有興趣，反正你給我接就是了。

傳統的用人惟親和立長不立賢觀念，再加上權力不受限制的董事長，結果是一些企業的董事長寶座交給了不見得有能力和不見得對企業經營有興趣的兒子身上，因而讓公司開始走下坡，公司的關係人跟著倒楣。尤有甚者，由於傳統老一輩除了子女眾多，經常還是來自不同妻妾，老董事長掌舵時，總是希望兄弟齊心，共同扛下家業，所以多安排各子女在不同部門歷練，可是這樣的模式下，最終往往形成公司內部山頭林立，子女各擁一方勢力。最終當老董事長不在，輕則家族內鬨，重則是家族分崩離析，甚至是失勢一方勾結外部勢力回過頭和公司派相爭，最後弄得二頭落空，公司反而被外部人吃下②。

以上就是台灣最常討論的企業接班人問題，頂多再加上接班人的培養、面臨不可預期的重大意外時（老闆被綁架、猝逝等）的因應之道等。但台灣比較少談的，反而是台灣目前真正面臨的「新接班人問題」。

什麼是「新接班人問題」？同樣用一句話來描述，那就是「林北就是不願意接！」不同於上一代的子女往往生活在父親的威權之下，即便對父親的命令千百個不願意也不敢反抗，新一代的未來接班人大都受到西式教育的思想，對於自己人生的規畫更有主見，不再是惟父命是從。此外，上一代子女眾多，老大不能接班，後來還有5～6個在排隊，總能挑出一個。但現

代人往往只有1～2個子女，如果兒女都沒有意願，大老闆們就要面臨到誰來接棒的困境了，很明顯地，在這種情況下，培養非親屬的接班人，建立經理人制度，讓子女當大股東應該是最好辦法。

　　不過實務上多數老闆並不是這麼想，有些老闆覺得反正子女無意接班，再經營下去也沒意思，選擇把公司賣掉或順勢解散，和接班人看起來無關的員工和供應商反而成為受害者。而更多大老闆則是覺得子女只是還年輕，遲早有一天還是會回來接班的！所以「雖然林北已經70歲了，但健康檢查數字都不錯，那我就繼續當吧！」只是這麼想的老闆們常常忘了一件事，健康檢查或許可以確保「身體」的健康，並不能擔保「心靈」的健康。

　　這是因為當人的年紀達到一定歲數之後，多數人的個性會變得保守、易怒和偏執。雖然不少大老闆都已退居董事長，甚至是總裁、會長這類虛銜，不再負責公司例行業務，只專注於大方向的規畫，但畢竟在台灣制度下，他依然擁有最終的決策權進而影響公司走向。這或許也解釋了為什麼近年來大家可以發現，愈來愈多大老闆熱忱於業外投資、不動產開發及資本市場交易，甚至是為什麼證所稅、奢侈稅這種議題居然會引起科技電子公司老闆的抗議！而當控有企業決策方向的大老闆不再專注於本業、不再有雄心壯志引領企業轉型或投資時，台灣整體經濟的競爭力日趨下滑自然是不意外之事。

　　不可諱言地，企業決策者的高齡化以及接班計畫的不明確

已經是台灣企業很常見的問題了，以歐美經驗來看，經營權與所有權切割應該是必然的趨勢，台灣不少大企業放到國際雖然仍是中小企業，但古往今來真正能維持百年的企業多半靠的不是強人而是制度。大老闆們如果真心希望企業永續經營，與其還占著位子巴望著有一天船到橋到自然直，還不如早點體認這個趨勢，切割好經營權與所有權的界線，建立公司專業經理人與健全董事會監督機制。

註釋

① 依新加坡電影《小孩不笨》經典台詞：「林北 is I, I am 林北！」

② 參見先覺出版《公司的品格》個案 12〈禿鷹與狼的鬧劇——亞洲化學〉。

個案 7

我就是不專業，不然要怎樣？
──談威強電財報疑雲

　　2014 年 3 月 31 日，威強電工業電腦股份有限公司（以下簡稱「威強電」）在年度財務報告公告申報期限的最後一天①，在公開資訊觀測站發佈重大訊息，將原本公告之 2013 年度全年營業收入，從 71.45 億元下修為 48.9 億元，引發市場嘩然，連帶也使威強電股價接連幾天重挫。

　　市場之所以有如此激烈反應，主要起因於依「證交法」規定，上市櫃公司在每月 10 日前都必須公告前月之營業收入②。換言之，在 2014 年 1 月 10 日前，投資人已經知道威強電 2013 年度全年逐月營收數字了，結果二個多月後又全盤推翻先前公告之數字，而且下調幅度還高達 31％，豈不是將投資人「莊孝維」？

收入認列錯誤引質疑

　　威強電對於此營收調整發表聲明，表示這是因為公司內部會計人員對於新成立的孫公司之營收認列方式錯誤卻未發覺，直到會計師進行年報查核時才發現此錯誤。會計師認定威強電

在 2013 年 6 月才成立從事金屬貿易的孫公司——谷濱（持股
100％），其交易並非一般買賣而是代理性質。依據一般公認
會計原則，威強電不得依銷貨對價總額認列谷濱營收。簡單地
說，如果谷濱是將本身商品銷售予客戶（或稱主理人），一個
月銷貨是 1 億元，進貨成本 8 千萬元，則威強電可依持股比例
認列合併營收 1 億元③。然而，谷濱實質上是為其他公司安排
商品銷售予客戶（或稱代理人），如此只能就安排商品銷售有
權取得之收費或佣金金額（2 千萬元）認列為收入，因此才會
造成母公司合併營收大幅下修。威強電表示此調整僅會影響營
收，當年度毛利與稅後淨利在調整後維持不變。

　　這樣的說法引發了不少質疑，因為從谷濱成立到隔年年報
出爐前，公司還公告了第三季的季報，為什麼會計師在查季報
時沒有發覺此孫公司是作代理，而要到查年報才發覺呢？威強
電對此說明，由於公司第三季季報公告申報前谷濱並非「重要
子公司」，因此會計師僅作書面審查，所以未察覺有異，一直
到年報會計師作實地審查時才發現此一收入認列錯誤。

　　何謂重要子公司？依金管會發布的法規中明確定義④：若
母公司之合併營收來自該子公司達 15％ 以上時，或會計師認為
對母公司財務報表影響重大時，則視為重要子公司。若依下表
一威強電修正前公告的月營收來看，在第三季會計期間結束前
（9 月 30 日），谷濱對於威強電營收影響並不明顯，的確符合
非重要子公司的標準。只是「非常湊巧」地，在第四季開始的
十月份，谷濱營收就開始大爆發了，因而也衍生出本案例第一

個探討的問題：在第三季季報結束日至隔年年報公告前有長達六個月的財報空窗期。這段時間公司依法公告未經查核的自結營收數字，要如何確保這些數字的可信度？避免公司利用這個漏洞操弄股價？

表一　威強電公告之每月合併營收數

單位：千元

月份	調整前		調整後	
	當月營收	去年同期營收變動	當月營收	去年同期營收變動
2013年				
1月	445,293	36.5%		
2月	316,611	-2.8%		
3月	504,772	6.0%		
4月	431,688	-0.8%		
5月	463,591	-8.4%		
6月	527,882	22.8%	381,698	-11.2%
7月	568,238	8.9%	373,867	-28.4%
8月	516,814	-1.4%	399,799	-23.7%
9月	587,133	0.9%	352,787	-39.3%
10月	762,479	**64.5%**	357,713	**-22.8%**
11月	644,425	**33.2%**	463,483	**-4.2%**
12月	1,376,502	**214.5%**	-292,802	**-166.9%**
2014年				
1月	1,479,847	**232.3%**	468,744	**5.3%**
2月	1,241,833	**292.2%**	333,766	**5.4%**

財報空窗期出現漏洞

　　事實上，本案例在當時之所以引發軒然大波真正的關鍵在於股價。縱觀威強電2013年的股價多數落在37元到40元的區間內，但由於2014年一月份起公布的逐月營收都出現驚人的爆發性成長，再配合上公司釋出將大量投資於物聯網與雲端運用等利多題材，帶動股價大幅上揚，威強電股價從1月1日的41.5元到3月11日達到68.4元的高峰（如圖一），等於差不多在二個半月內上漲了超過50%。只是投資人只看到威強電驚人成長的營收數字，卻不了解這樣的數字其實是來自新成立孫公司，也就是谷濱所貢獻，事實上如果拿掉谷濱的營收，威強電2013年全年營收還比前一年度衰退了超過一成。但在因應營收認列錯誤的重新調整後，不只威強電2014年第一季的營收受到會計師更正調整後所有數字重回原形，且2013年12月因會計師調減6月到9月累計合併營收淨額差異數6.9億元，造成12月營收不但不是原本的大幅成長，反而產生負數。

　　這樣出人意外的結果，自然反應在威強電之後的股價表現，在重大訊息公布後的首個交易日威強電就直接以跌停作收，此後股價一路下跌，4月30日股價跌至43.3元。股價的急墜不意外地造成威強電投資人的哀鴻遍野，大家不禁要問，威強電2013年1～9月營收除6月份成長22%外，其他月份營收成長多在正負10%之間，十月份開始爆發成長，難道簽證會計師或是主管機關都不會有疑惑嗎？這種情況下是不是應該應要

求公司提出解釋，或是會計師出具說明？

圖一 威強電營收調整前後股價

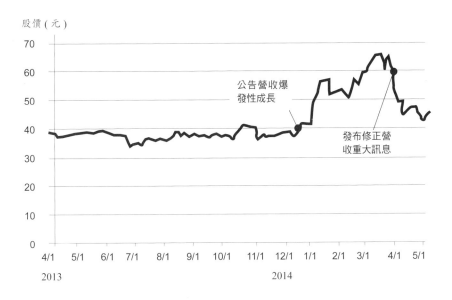

最後，在會計錯誤爆發前，威強電的利多消息與不停上升的股價吸引了不少分析師與散戶的爭相吹捧與投入，讓威強電成為當紅炸子雞，而無預警的利空消息和伴隨而來的急跌自然讓投資人又氣又急，不少人揚言要告上金管會以及向投資人保護中心申請進行股東集體訴訟。但或許是網路上常見的「萬人呼應，一人到場」傳統，本案在投保中心中並未成案。威強電

唯一獲得的處罰來自證交所以威強電違反「資訊申報作業」第五條為由處以「重罰」20萬元！本處罰亦創下台灣有史以來違反該項規定的「最重處罰」。我們深深相信威強電及其他上市櫃公司在受此「重罰」的威嚇下應該心生警惕，不敢再犯了。

結論

　　回顧整個事件，我們作為企業外部人很難斷言造就這一切的原因，到底是公司派的刻意操弄，還是單純因為公司會計人員缺乏專業，加上自十月起孫公司業績大爆發湊巧碰上會計師核閱完第三季季報後的財報空窗期所致？照道理說，雖然非強制規範，但集團旗下有新公司成立，母公司多半會請教簽證會計師相關收益認列方式以避免類似錯誤，但是很明顯地威強電並沒有這麼作，因而導致錯誤的發生。這樣錯誤的代價是被證交所「怒罰」20萬元。試想一下，如果這個罰責是500萬元外加股東集體訴訟的高額求償，你猜威強電或是其他公司將來面對同樣的情況時會不會更小心一點？反過來說，威強電的股價因為此一利多從每股40元不到，三個月內炒到68元，假設有人從中因為操弄股票而獲利，利益絕對遠超過20萬元。當操作者知道自己這麼搞所獲得的史上最重處罰不過是20萬元，有沒有可能他以後會更「不小心」一點？

　　其次，從本案例中也看到台灣投資人的盲點。威達電在收入認列錯誤大幅下修營收之際，引發投資人恐慌。但事實上

營收只是一家公司眾多的財務指標之一，公司盈餘數字、獲利率、每股盈餘或是盈餘成長率這些才是影響股價的真正關鍵。但不知為何台灣投資人就是很迷戀業績成長這件事，認為業績成長才代表著公司具有未來潛力，也因此造就不少公司喜歡把其他項目（如非本業收入）灌入營收之中，或是創造假交易（俗稱「過水」）來虛增營收。可是在沒有真正獲利支持下，這樣的營收並沒有太大意義。因此投資人在分析一家公司投資潛力時，不應只看營收，而應該將公司毛利或淨利率一併考慮進去。

　　最後，縱觀媒體報導都將本事件鎖定於經營者誠信，以及會計師是否失職或是和企業主掛勾，卻沒有人問為什麼公司內部應有的內部控制及稽核機制為何無法發揮功效？本案例看似是專業的會計問題，但事實上多數上市櫃公司的稽核人員都是資深會計人員轉任，對於新公司的會計列方式，稽核也有去了解的義務，更遑論公司業績接連數月爆漲，難道公司的監察人都不會好奇嗎？退一步想，會計師一年四次查帳工作主要也僅是針對公司提出的資料進行查核或核閱，頂多有疑問時和同業或是過去數據進行比較，真正的關鍵還是在公司內部制度及提供資訊是否確實。台灣企業內部稽核與監察人制度常被譏為橡皮圖章或是文書處理器，其實會造成這樣的情況和台灣現行公司制度面有密不可分的關係⑤。誠如政治上有權無責必然導致貪腐一樣，一個公司缺乏獨立而公正的監察機制也必然會弊病叢生。當大家看著一個個的個案而抱怨著經營者的不誠信，

是否我們也該想想如何建立一套有效的內部監理制度？

✳ 公司治理意涵 ✳

✳ 月營收與資訊透明

　　現行法令要求上市櫃公司於次月10日前揭露前一月的合併營收數字的目的，在增加公司營運資訊的透明度及即時性，減少外部股東和內部股東資訊不對稱上的差距。但問題是目前所公布的僅限於公司開立發票金額、營業收入及為他人背書金額等數字，一方面揭露的資訊有限，僅公告合併營收而未區分公司個體與合併營收，亦未公告公司當期毛利率或是淨利等數字，很容易誤導投資人。另一方面這些數字是公司自結數未經會計師查核確認，並不能被視為確認數字。雖然公司在公告這些數字時多會註明是未經查核數字，不過由於現代資訊過多，一般投資人也很難去專心了解公司營收的組成。從實務上來看，公司要在每個月結束後十天內計算並公布其毛利率或淨利率也的確有其困難，這也是標準資訊時效性和準確性的兩難。

　　本案例對投資人而言其實是一個很好的經驗，當看到一家公司營收爆衝，特別是出現在第四季至隔年第一季時，投資人應該要去了解其營收真正成長的原因以及其毛利率、淨利率等數字是否也趕上其營收成長水準？另一方面，投資一家公司除了看看技術面和基本面分析，經營者過去是否有坑殺投資人的

不良紀錄⑥，或許也該是要不要買進這家公司股票另一個重要
考量。

✱ 因應財報空窗期

　　從每年第三季季報結束日起，台灣股市即進入長達六個月
的財報空窗期，這段期間除了公司在11月中旬公告會計師核閱
的第三季季報外，投資人要等到隔年3月底才會再次看到經會
計師查核的年度財務報表。也有人戲稱這段期間為吹牛季，因
為往往有公司利用這段接近年底的期間，吹噓公司未來前景或
是將營收集中灌水好為年底作帳行情鋪路。理論上來說，最好
的方法就是縮短財報空窗期，提前公司年報最後公告日。這樣
的建議在近年多數公司都已會計資訊化，甚至導入企業資源規
畫系統（ERP）的情況下，若能配合會計師採用電腦審計與連
續審計以增加查核效率，似乎並不困難。但實務上由於台灣幾
乎所有上市櫃公司都採曆年制，等於有近1,600家公司都要趕
著在3月31日前公告年報，再加上台灣近年多數上市櫃公司都
有海外子公司，以及交易型態日益複雜，這都讓會計師難以大
幅提前完成查核程序和取得所需的查核證據，使提前公告年報
有其實作上的困難。因此最好的解決辦法莫過於增加公司這段
時間的資訊揭露，包括：

　　◆ 證交所應要求公告不正常營收數字（暴漲或暴跌）之公
司主動揭露其成因或是額外揭露其他財務資訊（如淨利率）。

　　◆ 證交所應鼓勵或半強迫公司於此財報空窗期間進行法人

說明會。

◆ 證交所可借重會計師專業提供意見。雖然在非審計期間
會計師不見得會去關心該公司公告的月營收，但理論上公司簽
證會計師會比絕大多數外部人都清楚所簽證公司內部情況，因
此碰上公司營收不合理暴漲暴跌，證交所或許可要求公司之簽
證會計師對於公司主動揭露不正常營收解釋提出意見。

✳ 違反處罰與股東集體訴訟

回顧本案，不管造成此收入認列錯誤是故意還是疏忽，但
因為公司資訊錯誤誤導投資人甚至造成損失是既定事實，所以
公司自應為其錯誤付出代價。照理說，法律制定罰則的目的有
二：一個是懲罰，另一更深層的意義在於威嚇，警告犯錯的公
司或是其他公司未來不要再犯同樣的錯誤。但以威達電的案例
來看，這樣的處罰更像是在鼓勵。

法律不見得能完全規範與扼止企業不當行為或是補償小
股東損失，因此多數國家股東均可透過民事訴訟來彌補這個漏
洞，亦即股東集體訴訟。民事訴訟由於索賠金額往往遠高於政
府罰金，也成為除法律外另一項威嚇公司不要亂搞的利器。台
灣的股東集體訴訟雖有專責機構負責，但成效不彰，嗯，沒有
該機構說的那麼彰顯啦！背後自然有其原因（請參見附錄〈永
不妥協的集體訴訟〉）。推動台灣公司治理不應只有政府一頭
熱，如何喚起群眾意識，這或許是修法以外另一項重要課題。

✳ 部門分割，圖利特定人？

　　威強電前身為威達電股份有限公司，該公司於2004年12月以集團分工為由，宣布切割為威強（自有品牌）、威強電（代工）、威聯通（儲存裝置DAS及數位錄影DVR）及威芯（IC設計）。其中威強與威芯都已合併解散，威強電為上市公司而威聯通未上市。有趣的是，威聯通自威強電切割而來，理論上威強電應該持有威聯通高額股權，但從經濟部工商登記中來看，目前持股比率僅達三成。但威強電與威聯通董事長個人卻持有威聯通超過二成的股權。威聯通未上市資訊取得不易再加上年代久遠，外部人很難從公開資訊了解當初切割過程以及而後股權變化情形，進而斷言公司大股東利用企業切割來從中獲利。不過對比威強電公告威聯通年年高額獲利，而威強電持股僅剩三成，或許原威達電投資人會感慨，當初不要切割出去是不是會更好？⑦

註釋

① 「證券交易法」第 36 條規定，上市櫃公司應依下列規定公告並向主管機關申報財務報告與營運情形：

財務報告	公告及申報期限	會計師執行工作
年　報	隔年4月1日前	查核簽證
第一季季報	5月15日前	核閱
第二季季報	8月15日前	核閱
第三季季報	11月15日前	核閱
每月營收	每月10日以前	無

② 「證券交易法」第 36 條規定，上市櫃公司應於每月十日以前，公告並申報上月份營運情形。

③ 依據威強電 2014 年年報，上海谷濱實業為威強電子公司——芯發威達電子（上海）100％持有之子公司。由於芯發威達電子為威強電 100％持有子公司，因此威強電可以 100％認列谷濱（威強電孫公司）之營收。

④ 金管會發布之「會計師查核簽證財務報表規則」第二條針對子公司對母公司最近二年度之合併營業收入、進貨金額、總產值或當期綜合損益達一定比例，或是母公司對子公司之投資金額、資金貸與及背書保證金額比例重大，或會計師認為對母公司財務報表影響重大時，定義為重要子公司。

⑤ 請參見《公司的品格》一書，〈公司掏空，監察人為什麼查不出來〉一文（149 頁）。

⑥ 威強電曾在 2011 年發生過類似情況，營收不斷成長配合公司釋放利多消息帶動股價大漲，結果當年 6 月營收卻出現爆跌造成股價重挫，但董事長卻於 4 月及 5 月逢高申報出脫各 300 萬股持股，引發投資人質疑經營者誠信問題。當年事件也被視為本次事件許多人不再相信威強電經營者的主因之一。

⑦ 企業分割案例，請參見《公司的品格》個案 3〈企業分割，小股東任人宰割？〉中有更詳盡說明。

永不妥協的集體訴訟

　　談到集體訴訟（class action lawsuit）很多人應該會想起在2000年由茱麗亞·羅勃茲（Julia Roberts）主演的經典電影《永不妥協》（*Erin Brockovich*）。這部電影是由真人真事改編，描寫美國加州南部一個小鎮辛克利（Hinkley）的水源被加州最大電廠太平洋瓦斯與電力公司（簡稱PG&E）污染了，導致當地居民都生了怪病。茱麗亞·羅勃茲扮演的Erin Brockovich是一個帶著三個小孩在律師事務所擔任助理的單親媽媽。在事務所的檔案中發現本案後覺得事有蹊蹺，於是她開始訪視小鎮的居民，並串連所有受害者一起向PG&E提出集體訴訟。電影中的女主角不畏艱難，勇往直前絕不妥協，甚至是拋家棄子只為了幫助當地弱勢的居民伸張公理與正義，讓所有觀眾看得熱淚盈眶。茱麗亞·羅勃茲也因為本片拿下當年奧斯卡最佳女主角獎。

　　但是，這部電影沒有完全告訴你的真相是，在真實的世界裡，PG&E最後和小鎮居民達成和解，賠償3.3億美元（約新台幣100億元），這當中律師事務所拿走30%（新台幣30億元），Erin Brockovich則拿到200萬美金（約新台幣6,500萬元）的酬勞。換言之，當你為劇中Erin Brockovich的永不妥協精神深深感動時，事實上她之所以這麼拚命不全然是為了伸張

公司的品格 2

正義，有很大原因是她和她所屬的律師事務所都知道，這種案子一旦勝訴，甚至和解，他們就發財了。所以真正驅動她拋家棄子的動力並不是公理正義，而是一個字——錢。

這就是美國的律師的勝訴分成制（contingent fees），也有人稱為「不成功，不收費」（No Win No Fee）制。從後者字面不難了解，也就是律師幫你打官司時先講好，如果打輸了或是案子不成立，原告完全不必付錢，不過一旦勝訴，賠償金額的一定成數歸律師所有。可以想像，這種制度下的律師就像業務員，他必需靠著案件的勝訴才能帶來收益①。因此，一方面許多律師就像鯊魚一樣到處嗅著可能的血腥味，一旦有大型公司爆發食品安全、環保爭議或是藥品副作用等，電視或報紙馬上到處都是律師要免費幫你打官司的廣告。在律師們「熱心且積極」的協助下，很自然地，哪怕你是窮人或是對法律卻步的平民都會因而積極參與集體訴訟。另一方面，只要案子成立，律師必然竭盡全力要打勝官司，甚至會有律師長期專注於一到二件個案中，把個別訴訟案當作企業經營（反正只要告贏了一件就發財了嘛）。

反觀台灣現行的集體訴訟，針對上市櫃公司商業犯罪侵害股東權益部分，目前是由財團法人證券交易及期貨投資人保護中心（簡稱「投保中心」）幫投資人代位進行股東集體訴訟。這是我們政府愛民如子的一大德政，因為我們政府都覺得人民是長不大的小孩，遇到困難一定不知道怎麼解決，所以熱心成立了一個半官方的機構來協助人民（絕對不是為了國際評

比！）。如果有上市櫃公司的不法行為侵害了股東權益，只要檢察官提出告訴，投保中心會同步向該公司提出求償訴訟。或是小股東覺得自己被坑了，也可以集結一定相同遭遇的人集體向投保中心請願，再由投保中心代位向該公司進行訴訟。最最重要的一件事是，提起股東集體訴訟在萬惡的美利堅帝國中，股東是要付出代價的，但在最美的風景是人的寶島台灣，這件事是完全免費的，就算是勝訴，投保中心也不會向可憐的股民要求分一杯羹。

然後呢？我們試想一下Erin Brockovich在台灣的投保中心上班好了。如果她今天碰上了威強電的公告資訊不實案會怎麼做？熱心的她會奉公守法、依法行政。在投保中心的網站上公告自即日起受理威強電集體訴訟案登記，等到登記日期截止達到最低申訴門檻，把公文往上簽呈，再由外包或是內部的律師向該公司提出訴訟。經過多年冗長的司法審議後，可能連提告人都忘了有這件事，該案終於判決了，案子告贏了，她會向上公文簽核然後發通知給有登記的股東；案子告輸了，她會向上公文簽核然後發通知給有登記的股東。為什麼她這麼冷靜？因為這個案子告輸了，她可能一個月領5萬，這個案子告贏了，她一個月領5萬外加一杯勝訴者為了表示感謝，請大家一起喝的City Café。這個案子的勝敗和她一點關係也沒有，除非抱著「地獄不空，誓不成佛」的信念，否則她為什麼要拚命？

所以請讀者想看看以下問題：

問題一、請問台灣能不能進行股東集體訴訟？——Yes

　　問題二、請問台灣有沒有負責股東集體訴訟的專責機構？──Yes

　　最後一個重要的問題，請問台灣股東集體訴訟是否能發揮其扼止大股東侵害小股東權益？──嗯……說真的，我不知道。

　　這篇文章看似在嘲諷投保中心無法發揮其應盡責任，但這樣說其實是不公平的。全世界有開放律師勝訴分成制的國家是少數，總不可能有勝訴分紅制的國家股東權益都受充分保障，而沒開放的國家小股東都像棄兒。造就這種情況其實是整個制度面的問題，例如台灣法令對於公司不法行為（不論是食品安全、環保公安或是損害股東權益）處罰太輕，開放勝訴分成也沒有太大誘因。司法審判期太長，如果要長期經營和追蹤一個案子，律師可能會先餓死。綜合以上二者的結果就是民眾對司法也沒有太大的信心，往往公司出了事，大家就在媒體上罵一罵，順便幹譙一下政府無能，然後就摸摸鼻子自認倒楣算了，頂多是回家看看祖墳的風水是不是被破壞才會這麼衰。所以經常是政府一頭熱的希望大家學美國，發揮股東意識勇敢向公司提告，結果大家淡定以對。

　　相對的，因為罰則輕且審判期曠日費時，再加上民眾也不把公司犯錯當回事，公司自然也有恃無恐。反正有被抓到才是犯罪，不然就是低調一點，只要時間一久大家也就忘了或是拍個溫情廣告幫自己洗白一下就過關了。

　　講了這麼多，到底要如何提高台灣民眾的集體申訴意識

呢？其實二千多年前秦國的商鞅利用搬木頭早就提出了解決之道。如果台灣未來能有一個侵害消費者或是股東權益的案子，有辦法在一年內定讞，違法公司及負責人付出沉重代價，提告的消費者因此發財了。根本不需要什麼群眾教育宣導，很快的台灣的消費者或是股東意識就抬頭了。 政府成天想著如何教育民眾喚起集體意識，想一想Erin Brockovich的永不妥協，「錢」或許才是最好的答案！

────────

註釋

① 採用勝訴分成制的律師依然可以有權依案件不同選擇傳統按件計酬或是依小時計費方式，並非只能限定一種收費方式。

個案 **8**

有關係就沒關係？
──萬泰銀行掏空案

　　2014 年 7 月，台灣不少媒體財經版都以顯著標題報導萬泰銀行掏空案一審判決結果。「萬泰銀行前老董涉掏空 50 億　許勝發輕判 6 個月」「涉超貸 50 億　許勝發只判罰金 16 萬」，驚悚的數字對照輕判的結果不免讓人義憤填膺，特別是網友挖出了許勝發及其子許顯榮過去的黨政背景大作文章，大家不禁懷疑台灣的司法是不是受政治力干預，只要有關係在法院就自然沒關係？

　　回顧本案源於 2008 年 4 月，檢察官以許勝發等 12 人利用本身同時控制萬泰銀行和太子汽車的身分①，違法將萬泰銀行資金貸放給太子汽車及旗下關係企業，造成萬泰銀行近 34 億元和萬泰票券（後併入萬泰銀行）逾 16 億元的損失，因此以「非法授信罪」（「銀行法」第 127 條）及「加重背信罪」（「刑法」第 342 條及「證交法」第 171 條）起訴萬泰銀行和太子汽車董事長許勝發與其子許顯榮（萬泰銀行副董事長）、女兒許娟娟（萬泰銀行董事）及其他相關幹部，並對許勝發求

刑十年。本案歷經了6年的法院審理後，最終一審法官判決本案僅「非法授信罪」成立而「背信罪」不成立，依此許勝發被判刑一年。但因6年審理期間碰上2007年立法院通過解除戒嚴20週年的減刑條例，一年刑期因而減爲半年。又因現行法律同意六個月以內刑期得以每日900元易科罰金，因此最終許勝發只要繳交16.2萬元即可脫身，也因而有了「涉掏空50億，只罰16萬元了事」的說法②。

許勝發的銀行家美夢

許勝發的家族由香蕉貿易起家，並因此與日本企業建立良好關係。1965年看好台灣逐步從農業社會轉型爲工業，車輛運輸需求將大增，因此成立太子汽車由日本進口汽車底盤再自行組裝商用車和垃圾車等進軍汽車製造業，後來爲日產汽車（Nissan）代工商用車而成爲裕隆商用車經銷商。

1981年，許勝發在中國國民黨提名下代表工業團體順利當選增額立法委員，直至1990年連任三次③，並於1987年擔任工業總會理事長，也因而躋身執政黨中常委進入權力核心。1989年，太子汽車改與日本鈴木公司（Suzuki）合作，推出多款汽車，而成爲台灣當時少數從製造、代理到銷售一條龍通包的汽車集團。

1991年，政府開放新銀行設立，許勝發家族結合友人創立萬泰銀行，並由許勝發擔任萬泰銀行董事長。當時由於多家新

銀行同時成立，所做的業務也都差不多，引發市場激烈競爭。
萬泰銀行率先從日本引進「現金卡」概念，發行台灣第一張
George & Mary現金卡。現金卡雖然收取動支費、帳戶管理費
及超高利率，但由於快速且簡便的借貸流程，讓借款人很容易
就可以拿到錢，意外在台灣引爆風潮。鼎盛時George & Mary
現金卡發卡量超過200萬張，每年借貸金額約650～800億元，
一年貢獻萬泰銀行達50億元盈餘，也讓後段班的萬泰銀行從此
鹹魚翻身。

　　George & Mary現金卡的成功也吸引國內各銀行的爭相投
入，在激烈競爭下，造成發卡審核更加浮濫，不少人因此盲目
擴張信用超額消費，甚至在無法還款時，直接辦新卡還舊卡而
成為「卡奴」。 最終在2005年引爆了台灣的卡債風暴，各銀
行被迫認列大量呆帳，身為現金卡始祖的萬泰銀行，由於消費
金融業務占營收比重高達八成，更是受傷慘重。2006年萬泰
銀行引入美國奇異資本（GE Capital）資金以解決淨值過低問
題，但由於財務問題一直無法得到改善，在金管會強烈要求
下，2007年美國SAC基金和奇異消費金融（GE Money）以每
股2元增資取得萬泰銀行八成股權，許氏家族正式退出萬泰銀
行經營權。新經營團隊入主後，發現萬泰銀行與許家掌控的太
子汽車間似有不正當的放貸關係，因而引發了檢調介入，並於
2008年起訴許勝發相關人等。

萬泰銀行掏空疑雲

　　探究整個掏空疑雲，主要為1996年至2003年間，許勝發在球員兼裁判下，利用旗下多家自己非掛名董事長但實質控制的公司，以無擔保信貸方式向自家萬泰銀行及萬泰票券取得高額貸款，企圖迴避銀行法中規定銀行不得對關係人作無擔保授信的規定④。尤有甚者，在無力償還之前借款下，許勝發再指示成立新的公司，再由新公司繼續向萬泰銀行無擔保借款，試圖以舉新債來還舊債，經調查後發現這些檯面公司所借得的多數資金最終都流向太子汽車或是許勝發指定的投資當中，因此檢察官以非法授信罪及涉及掏空的背信罪將許勝發起訴求刑十年。

　　但何以十年求刑一審判決變成一年呢？在於一審法官認為許勝發非法授信罪成立，但背信罪不成立。其理由如下：

　　（1）現行「銀行法」33條之4規定「不得利用他人名義辦理無擔保授信」，但此規定是在2000年11月1日才通過。在法律不溯及既往的原則下，許勝發所利用一長串公司的人頭借款只有2001～2003年的台灣愛克思、盛富開發和金來國際三家才算，換算下來有問題的金額只有8億元，之前的42.45億元不能追究！

　　（2）104年4月11日萬泰銀行發函給法院說明涉及違法放款的六家公司中，其中三家已清償完畢，剩下三家亦按時繳付本息，萬泰銀行並沒有任何損失。而現行「刑法」342條的背

信罪構成必要條件中需要「致生損害於本人或第三人利益或財產」⑤。簡單地說，我國現行背信罪要求必須要有人受害，本案既然沒有受害人自然背信罪不成立。

　　背信罪是台灣財經犯罪中最常出現的罪名之一，幾乎所有的掏空案被起訴的就是背信罪，但多數人其實不太了解背信罪的意思。用簡單的話講，背信罪就是民間版的貪污罪。貪污罪是公務人員才有的罪，公務人員拿政府的錢卻去圖利他人或自己卻傷及國家利益稱為貪污。但民間企業並不是公家機關，由於我國「公司法」中規定企業負責人對於股東負有忠實和信賴二項義務，如果公司經營者拿了股東的錢卻去圖利他人或自己，就等於違背了忠實信賴義務，所以稱為背信罪。不過只要記得背信罪就是民間版的貪污罪就可以了！目前我國背信罪主要規範在「刑法」342條，處五年以下的有期徒刑，但對於犯罪金額達500萬元以上的公開發行公司則適用「證交法」171條的特別背信罪，最高刑期可處十年以下有期徒刑，本案檢察官就是以特別背信罪起訴許勝發。

合法但不合理

　　回到本案，如果單從「法律來看」，法官大人的確只是依法判案並無受政治力影響而刻意偏袒，只是從「常理來看」卻不免讓人覺得怪怪的。許勝發用人頭公司繞過法令不得無擔保放款給負責人公司是事實，超過50億元的貸款從萬泰銀行及萬

泰票券流入到許勝發個人名下公司也是事實，難道只是因為法令沒有規範到，或是萬泰銀行沒有受損，所以許勝發就只能適用較輕的刑責嗎？

　　萬泰案之所以有如此的結果，在於我國「刑法」對於犯罪與否的認定有二種不同的考量：一個是只看行為不論結果（行為犯）；另一個則是行為兼看結果（結果犯）。舉個例子來說，隨地大小便就是行為罪，不論你造成的結果是什麼。如果因此裸露下體妨害風化，或是破壞環境衛生，那要加上另一條罪。相對來說，如果你拿刀子去殺人，一樣捅了對方一刀，結果對方是死了、重傷、輕傷甚至沒事，當事人會得到的處罰均不同，這就是行為兼看結果。在本案中，成立的「非法授信罪」就是行為罪。銀行法要求負責人不可以無擔保借款給利害關係人，但許勝發還是做了，不論銀行有沒有受害，只要有行為的事實這個罪就成立。相對的，背信罪就是行為兼看結果罪，萬泰銀行告訴法官它們沒有因為這個案子受害，而法律明定背信罪要有人受害為要件，因此既然無人受害背信罪自然就不成立。

　　　「哦～原來是這樣，呼！那我就放心了。」——ptt名言

結論

　　回顧整個事件之所以引起爭議，首因在於台灣媒體噬血

性格，以聳動標題吸引讀者卻未能對整個事件作深入分析，刻意挑起一般百姓對於有錢人仰仗權勢就可以脫罪既定印象。其次，立法的不周延及立法委員的怠惰更是難辭其咎，我國早在1975年「銀行法」即規定銀行不可以對負責人作無擔保放款（「銀行法」第32條），為什麼要到2000年立委才懂得應該規範負責人可能用人頭來進行無擔保借款？反過來說，只因為法令沒有規範不得用他人名義，難道法官就不能夠把人頭借款視為負責人勢力的延伸嗎？要不是有內部壓力，銀行承辦人員怎麼可能在無擔保下借出數億元給三家新成立不久的公司⑥？再者，現行法律雖明定要有受害人背信罪才成立，但反思最初的立法意旨，是否當企業負責人違反對股東應有的忠實信賴原則時即產生了「背信」？財經犯罪不同於一般刑事犯罪之處，即在相關犯罪不一定有受害者（如公司重大利多消息發布前內部人先行買進股票的內線交易），建構於一般刑法之下的背信罪是否有重新審思其原始意義的必要？最後，本案檢察官認定不法金額為50億求刑10年，一審法官認定的金額只有8億，判刑1年。雖說台灣法令多如牛毛，各自對犯罪證據的認定亦不相同，但二造相差這麼大豈不奇怪？萬泰銀一案並非特例，不少財經犯罪都出現檢察官起訴金額和罪狀與法院認定與判決相去甚遠，到底是誰出了問題？

　　世界銀行主導的各國經商報告《2015 經商環境報告》（Doing Business 2015）中，評估台灣經商環境及法規監管效率在世界189個經濟體中排名19名。看似不錯，但若單就「法

院效率」一項排名卻是93名，遠遠落後亞洲各國，而且是接連二年排名相同。可見台灣財經案件不管就現行法律規定的嚴謹度，或是法院審理效率及判決結果，相較於國際夥伴都有很大的改進空間。對應台灣歷經四任十六年總統均出身自台大法律系，實在是一大諷刺。特別是近年來民意經常對於「合法但不合理」引起反彈。照理說依法辦理怎麼會有錯，其實爭議的關鍵就在於為什麼大家都覺得有違常理的事在法院認定下卻是合法！因此自然陰謀論、政治介入或是司法不公的耳語就蜂擁而出。在每一位總統高舉依法治國的旗幟下，似乎台灣人民也茫茫然的自以為身處一個法治國家，但法治國家的真諦應該不僅只是依法治國，更重要是法律的健全與落實。個人認為所謂的法治國家應包括三個最基本上的條件：

（1）**法律需有完整性：**總不能一個人犯了法，這個沒有規範到那個去年才立法既往不究，結果大家都無罪。

（2）**法律需有威嚇性：**總不能殺人罰5,000元也叫依法治國。

（3）**執法要落實：**總不能犯了法，有關係的喬一喬就沒事也叫法治國家？

台灣正面臨企業轉型的關鍵期，很多人成天批評政府產業政策錯誤，稅減的不夠，或是貨幣貶得不夠，但其中又有多少人認真思考過台灣現行體制的問題？法制是一個國家最根本的基礎，如果我們的財經法制不在於規範企業經營者循規蹈矩，

朝股東與自身最大利益發展，而是存在一堆偏門讓經營者可以不務正業一樣可以爽爽地發大財，那誰還想要認真工作？這或許才是在高談產業升級的當下大家應該深思的。

✳ 公司治理意涵 ✳

✳ 速審速決

　　本案除了重訴輕判引人注目外，另一個重點是從起訴到二審判決竟然花了8年，而本案尚未定讞；甚至如果以1996～2003年的犯行起算，定讞甚至是在犯行的20年後。事實上，不僅萬泰銀行案，台灣許多財經案件都有類似情況。引述地檢署某主任檢察官演講，台灣財經犯罪以起訴開始算平均結案時間為10年。會造成如此情況，除了財經犯罪多涉及複雜的交易和人物需要更多時間檢視與釐清證據外，不容諱言的，由於犯罪者多是富甲一方，往往也有能力請名律師不停以傳喚不同證人、交叉質疑證人論述矛盾等技術性干擾，試圖「以拖待變」。此外，由於犯罪金額涉及量刑程度也往往造成我國司法人員過於追求「確認犯罪金額」，而輕忽法律懲惡揚善的本質（如趙建銘內線交易案）。過長的審判時間除了效率低落、證據保全不易及可能造成犯罪者逍遙法外，對於無辜者又何嘗不是痛苦的「官司纏身」？目前我國法令僅針對「選舉罷免法」要求必須速審速決，未來對於部分財經犯罪是否亦能採用此模

式或是仿效美國法庭證人集中傳喚制，減少律師的技術干擾值得討論。

財金專業法庭

我國目前雖在台北地方法院設有財金專業法庭，但也僅限於一審及一億元以上案件。二審以上一律比照一般犯罪進行電腦分案，二審法官是否具有充分財經知識以因應金融犯罪審理變成完全是碰運氣，或也正因如此，經常出現二審法官和與一審法官見解完全南轅北轍現象，而有了民間盛傳的「一審重判、二審輕判、三審豬腳麵線」的偏見。是否應健全獨立完整的財金專業法庭，並遴選專業法官與非司法的財經人士共同參與研究個案，應該為我國財經司法改革的重要一步。

不溯及既往原則

不溯及既往是司法一項重要精神，畢竟「不教而殺謂之虐」，當然要先有法律規定，才會有違法的處罰。但在台灣立法效率低落與法條規範不完整的前提下，這項精神卻往往成為漏洞。以2015年投保中心向法院提告，大同公司董事長林蔚山因掏空公司17億二審判決確立，要求解除其董事長職務為例。法院駁回投保中心申請，讓林蔚山可以續任董事長，原因即在投保中心依據的「投資人保護法」是在2009年公布的，但林蔚山掏空公司行為發生在十幾年前，而投保中心要求解除林蔚山董事現行任期是從2014年到2017年，等於是「拿明朝的劍斬

清朝的官」。從邏輯上看當然沒有問題，但林蔚山掏空公司二
審判決確立是事實啊！一個掏空公司17億經判決有罪的人還可
以續任董事長，那還有什麼事是他做不出來的？事實上這個案
例最神奇的地方還不在法院判決結果，而是大同公司表示「支
持林董事長，樂見這個判決結果」。這就像房客偷光了房東一
家財產，結果法院認為房屋租賃和偷東西是二回事，所以租約
仍然有效，房客可以續住，然後房東對於此判決表示「支持房
客，樂見這個判決結果」。嗯！果然是「大同世界」才有可能
出現的景象。

✹ 改善低落立法效率

　　我國立法委員號稱包公再世，白天忙著為民申冤，晚上
還不忘上政論節目斷鬼神。但在看似伸張民意的光環下，卻是
我們立法效率的低落。據統計台灣立法院一年通過的法案約在
150～200條之間，看似為數不少，但其中近三分之二是所謂
配合母法修改調整子法。換言之，立法院一年通過的「真正法
案」差不多只在70～80條左右，相較於立法院一年約30億的
預算，台灣每通過一條法律需要的成本約為3千～4千萬，簡直
是笑話！立法效率的低落也自然產生大家所見的現況，這個行
為現行法律沒有規範到所以無罪，那個5年前犯的罪因為涉及
法律去年才通過所以既往不咎，或是大企業污染水源怒罰60萬
元等。我國的民代效率低落，除了政治人物往往挾政黨對立操
弄百姓，立法委員也缺乏退場機制，只要一選上就可以「由

你玩四年」自然也是成因之一。更遑論民代關說、介入工程、特權、舞弊等在台灣早就是公開的事實，如何調整不適任立委退場機制（罷免），提高我國立法效率，應該是公司治理外，「國家治理」一項重要的課題。

註釋

① 許勝發自 1991 年 12 月 27 日至 2007 年 9 月 6 日止，以太子汽車法人董事代表擔任萬泰銀行第 1 至 6 屆董事長。

② 本案於 2014 年 7 月一審判決，上訴後高等法院另於 2016 年 4 月二審宣判，改判（減刑後）11 月，得易科罰金新台幣 29.7 萬元，另判處罰金新台幣 700 萬元。

③ 當年由於「動員戡亂臨時條款」之故，立法委員選舉凍結，只有遇缺才補。因此稱為增額立委，立法院也固定停在第一屆，僅區分為第一、二、三次增額立委選舉。

④ 依「銀行法」第 32 條，銀行不得對其持有實收資本總額百分之三以上之企業，或銀行負責人、職員或主要股東，或對與銀行負責人或辦理授信之職員有利害關係者，為無擔保授信。但消費者貸款及對政府貸款不在此限。

⑤ 為他人處理事務，意圖為自己或第三人不法之利益，或損害本人之利益，而為違背其任務之行為，致生損害於本人之財產或其他利益者，處五年以下有期徒刑、拘役或科或併科五十萬元以下罰金。前項之未遂犯罰之。

⑥ 依經濟部工商登記，台灣愛克思與盛富開發成立於 2000 年，金來國際成立於 1997 年。

五鬼搬運與金蟬脫殼

　　在眾多的掏空用語中，最常見的無疑是「五鬼搬運」，這是指公司的負責人（或政治人物）利用自己對公司（國家）的控制力，把公司（公眾）的資產偷偷地挪進私人的口袋之中。但是你有沒有想過，為什麼一個道教用語「五鬼搬運法」會成為流行的財經名詞？這句話其實源自於 1981 年台灣首次的經濟學者公開辯論台灣未來經濟走向，亦即著名的「蔣王論戰」中，知名經濟學者蔣碩傑所提出：

　　（若有人）能夠不啓人門戶，不破人箱籠，而叫人失去財物。吾人不妨戲稱之謂『五鬼搬運法』！

　　蔣碩傑先生是第一位獲得諾貝爾經濟學獎提名的華人，「蔣王論戰」的時空背景正值第二次石油危機①，台灣面臨經濟衰退與通貨膨脹的兩難局面。原本在傳統的經濟學中認為經濟成長與物價必然呈正向變動，也就是經濟成長則物價也會上漲，此時政府可以透過調高利率來平抑過熱的經濟和物價；反之當經濟衰退，政府可以透過降低利率或是貨幣市場操作釋出更多的貨幣來刺激經濟。然而在第一次與第二次石油危機年代，由於當時多數工業都仰賴石油，油價突然飆漲造成工業生

產與民生成本的巨幅增加，因而推升通貨膨脹，進而排擠企業利潤與家庭可支配所得，使得各主要國家經濟急速下滑，以出口為導向和資源主要仰賴進口的台灣更是首當其衝。

　　面對眼前的困局，當時擔任《中國時報》與《工商時報》總主筆的王作榮先生在報紙社論中鼓吹政府應該仿效美國在 1930 年代經濟大蕭條時採取的凱因斯主義（Keynesianism），以低利率和增加貨幣供給方式提高企業投資誘因，先把經濟救起來再談平衡貧富差距。此一論點獲得當時企業界普遍的支持。然而這時剛從美國返國接任台灣經濟研究院院長的蔣碩傑先生卻有不同看法。蔣主張政府不應過度干預市場，應該讓市場自由化，由市場決定資源分配的最適化，他進而抨擊用增加貨幣供給的方法來刺激經濟如同運用五鬼搬運法盜取別人辛苦的成果②，而意外地讓這個名詞成為了財經流行用語。

　　事實上，除了「五鬼搬運」之外，在同一篇文章中蔣碩傑先生還創造了另一個現今常見的財經用語「金蟬脫殼」。在文章原意是指透過創造通貨膨脹，政府（大企業）等於變相減輕負債而形成掠奪辛苦工作者的資產。不過這個名詞在今天卻有了不同的意思，是指一些人透過對媒體的控制和宣傳，故意放出不實利多消息吸引外圍不知情人士進場買進資產（股票或房地產），再順勢把個人部位逢高出脫給這些人接手，一走了之。這即便在今天台灣的股市和房市還是一種履見不鮮的手法。

　　相較於台灣常見的「五鬼搬運」和「金蟬脫殼」，在海峽對岸的中國更為常見的掏空用語是「空手套白狼」。從字面來看，這句話是指不用任何工具就可以徒手抓到珍貴的白狼，但其實真正的意思在諷刺許多人其實一無所有，往往只是憑藉著良好的政治關係或是驚人的吹噓能力，就能因此入主國營企業，將國有資產私有化，或是對外招募大筆資金招搖撞騙。空手套白狼在中國大陸之所以盛行，除了長期以來政治影響力凌駕於一切的商業環境外，也和中國經濟改革開放初期，民智未開資訊不發達有關。除了以上三個名詞外，和掏空手法相關常見的名詞還有如偷天換日、移花接木、乾坤大挪移、暗渡陳倉和內神通外鬼等，這些手法限於篇幅就不再一一贅述。

　　最後，你可能好奇台灣後來是怎麼渡過第二次石油危機的？事實上，除了石油問題，1979年的台灣政府面臨另一個更大的危機來自當年1月1日生效的「中美斷交」，台灣最重要的盟友美國選擇「中美斷交」而去「中美建交」（？？？好奇怪的文法）。台灣大量資金因為缺乏信心外流，造成國內投資不振。面對二大危機，台灣政府的因應之道是推出了「經濟建設十年計畫」（1980年至1989年），積極推動資訊、電子和精密機械等高技術低耗能的產業成為台灣未來策略產業，並於1980年成立台灣第一個（新竹）科學園區，以及成立資訊工業策進會（資策會）與工研院電子所，作為台灣發展積體電路、資訊工業和新材料的基礎。今天回顧，當年的危機反而是台灣今日產業最重要的轉機。

　　至於蔣王論戰到底最後政府聽誰的？嗯，你應該知道當時的總統姓什麼吧！如蔣先生所提議，台灣政府的確從1980年開始逐步放寬利率和匯率管制，花了十年的時間，一直到1989年利率與匯率全面自由化，不過事實上造就這一切背後真正的推手是美國政府。由於台灣一直享有超額貿易順差和鉅額外匯存底，美國要脅如果不開放市場就要以「特別301條款」對台灣進行貿易制裁，才有了台灣的金融改革，當然也引發了後來的新台幣對美元的緩步升值和狂熱的台灣錢淹腳目。

　　這篇文章其實和公司治理沒有太大關係，但似乎和國家治理有較大的關連，看看過去，想想今天。當年的經濟學者憂國憂民，透過辯論試著告訴國人他們認為這個國家未來最好的方向。今天台灣的經濟學者（如果有的話）在告訴大家，嗯……你的股票是該買還是該賣比較好。

　　當年面對艱難的挑戰時（最大盟友斷交及全球經濟衰退和物價狂漲），政府選擇的是勇敢面對，趕快找出新產業方向並投入資源；如今面對挑戰，政府作的是多蓋些蚊子館、補助買家電換手機來創造內需假象、減稅和讓貨幣貶值。

　　蔣王論戰說穿了就是傳統經濟學中（新）古典學派（自由主義）與凱因斯理論之爭。二者何者為對，爭論了數十年也沒有定論。現實中，凱因斯理論因為主張政府的積極參與，倒是受到各國政府「口嫌體正直」而占上風。自量化寬鬆（Quantitative Easing，簡稱QE）以來，印鈔票救經濟或是扶助大企業似乎成為了當今的經濟顯學。QE到底能不能救經濟仍

在未定之數，但蔣先生所言的貧富差距或是富人掠奪窮人問題
已然浮現。台灣作為國際社會之小小成員，自然不可能對抗世
界潮流而獨樹一格，然而亦因台灣僅蕞爾之地受國際波動影響
亦更大。未來台灣政策要隨國際局勢逐流或是適度作出調整回
歸公平正義，想想自己是怎麼拿到政權的，或許這是新的執政
者應謹記於心的。

註釋

① 目前計有三次石油危機，主因都來自當時主要產油區——中東政局變化造
成油價在短時間內大幅上揚，進而拉動世界各國製造成本的大幅上升及通
貨膨脹，而為能壓抑通貨膨脹，各國央行紛紛祭出貨幣緊縮政策進而使經
濟走向衰退。這三次石油危機分別為：1973～1974 年的第一次石油危機，
石油輸出國家組織（OPEC）為了打擊支持以色列的西方國家而實施石油
禁運，造成油價從每桶不到 3 美元狂升到 12 美元，台灣經濟成長率也從
12.8%下跌到 1%。第二次石油危機發生於 1979～1981 年，主因為中東第
二大產油國——伊朗發生政變，原國王巴勒維被驅逐下台，伊朗建立政教
合一體制，原油供給大幅下降甚至最後停止出口，不久又因宗教與領土糾
紛又爆發兩伊戰爭（伊朗與伊拉克），推升油價從每桶 13 美元至 39 美元，
同樣造成各國經濟大幅下滑。台灣經濟成長率則下滑 4%。第三次石油危
機則發生於 1990 年的第二次波灣戰爭，因伊拉克入侵科威特引發美國攻
打伊拉克而使油價從每桶 14 美元升至 40 美元，台灣經濟成長率由 7.5%
下滑至 5.7%。

② 1982 年時，蔣碩傑在刊於《中央日報》的〈紓解工商業困境及恢復景氣途
徑之商榷〉文中談到：「假使有人既不從事生產或服務，又不肯以適當之
代價向人告貸，而私自製造一批貨幣，拿到市上來購買商品，那就等於憑
空將別人的生產成果攫奪一份去了一樣。這不是和竊盜行為一樣麼？而且
這竊盜行為是極神祕而不露痕跡的。它能夠不啟人門戶，不破人箱籠，而
叫人失去財物。吾人不妨戲稱之謂『五鬼搬運法』。」

個案 9
可以讓人剛減資完
又私募的嗎？

2010 年 4 月 27 日大同股份有限公司（以下簡稱「大同」）公告最新董事會決議，由於受到轉投資的中華映像管（以下簡稱「華映」）虧損拖累，致使帳面產生鉅額虧損，因此決議將大幅減資 321.3 億元（約當現有股本 555 億元的 57.88%）以打消虧損。此外，同日董事會也通過預定現金增資 120 億元，同時將以每股 7 元進行股數上限為 12 億股的私募。消息一出，市場罵聲四起，甚至直呼根本是碰上了詐騙集團！

大家之所以反應這麼激烈，除了大同長期以來虧多賺少，近年來多數時間股價都在票面價 10 元以下，且從 2000 年之後再也沒有發過股利。本來小股東還可以抱著「沒有買賣，就沒有傷害」的心態騙騙自己，但在減資 57.88% 後，原本的 1,000 股只剩下 421 股，更別說緊接而來的現金增資和私募將更進一步稀釋原有股東的權益。而且令人費解的是，在董事會通過之際，大同股價的確是在 7 元上下沒錯，但公司明明公告在大幅減資後，每股淨值應回升到 12 元，而且減資比率也會反映在減

資後的股價，將大同股價拉高一倍以上①，此時卻以每股7元去針對特定人進行私募，是否有賤賣股權和圖利特定人之疑？

第三代邁開接班路

　　大同公司前身為第一代林尚志先生於1918年創立的「協志商號」，主要從事營建和重型機械，而後更名為「株式會社大同鐵工所」，負責製造與維修鐵道車輛。1942年第二代林挺生接任董事長，除了致力於教育興學先後創辦大同初級工業職業學校（現為「大同高中」）與大同工業專科學校（現為「大同大學」）外，並開始逐步轉型進軍家電業、重電機業與資訊產業，進而成為台灣家喻戶曉的老牌家電廠。

　　林挺生在位期間大同集團旗下上市櫃公司，分別有擔任旗艦的大同公司以及生產電視用映像管（CRT）的華映。林挺生共有二房妻室，大房生有二子四女，二房有三子二女，基於傳統嫡長子接班的觀念，林挺生在世時，即規畫長子林蔚山接掌大同公司，華映則是由二房二子林鎮源負責，其他子女則多半負責集團其他子公司或海外分公司。2006年林挺生過世前二個月即由長子林蔚山接任大同董事長完成接棒。

　　林挺生的接班規畫基本上和當時傳統的長子接掌家族主體事業，二房子女接次要事業沒有什麼差別，但偏偏問題就出在這裡。首先，執掌大同的長子林蔚山在業界普遍被認定是個好好先生，對事情都沒有太大主見，真正主導企業運作的是林蔚

山夫人，當時擔任大同執行副總的林郭文豔②。強勢而精明的
大嫂當家，這對不管是向來強調日式管理和男人當家作主的大
同公司或是其他林氏家族成員來說都是一大挑戰；其次，掌控
華映的林鎮源普遍被認為家族各子中最具有經營能力的一位，
原本虧損了十年的華映在林鎮源接掌後，由於搭上電腦監視器
（monitor）熱潮而順利轉虧為盈，甚至成為整個大同集團的金
雞母。全盛時期，華映資本額是大同的二倍，營業額是大同三
倍。在《天下雜誌》1997年台灣一千大企業中排名第26，在民
營企業中獲利僅次於台積電。反觀當時的大同，主力的家電業
在進口品牌競爭下每況愈下，轉型資訊業的績效還不明顯，二
房掌控的華映反而凌駕於大房主導的大同之上，再加上華映手
上有高達400億元的現金，再再都對大房在大同的控制權形成
了威脅。

　　2003年4月林鎮源以健康因素離開華映，改由二房三子林
鎮弘接任，引發外界議論紛紛。一般認為雖然林鎮源長期有糖
尿病問題，但離職主因在於大房利用前一年度華映一次性認列
英國廠40億元的減損損失，造成當年度華映由原本預估賺35.8
億變成賠29億元，以及傳言華映在面板供貨上圖利林鎮源妻子
創立的美齊科技，順勢拔除影響其接班的潛在威脅。

　　林鎮弘接下華映董事長兼總經理後，雖然看似二房仍控有
華映，不過由於林挺生在2003年二度中風後即減少公開行程，
集團決策經營改由林蔚山和林郭文豔主導，不同於過去林鎮源
以自然人身分出任華映董事長並直接向林挺生報告，林鎮弘

被改任爲大同的法人董事代表③，並改向林蔚山和林郭文豔報
告。林鎭弘執掌華映期間，雖然華映一度轉虧爲盈，面板產能
亦大增，但由於面板業大者恆大的態勢愈來愈明顯，身爲面板
業小貓④的華映虧損愈來愈大，接連在2005年和2006年虧損
超過百億元，原本華映這隻金雞母反而成爲了大同的絆腳石。
2007年華映再次宣布林鎭弘因個人因素請辭所有職務，改由林
蔚山接任華映董事長，自此林蔚山一統大同集團所有江山，二
房勢力徹底退出，此事自然也爲大同後來的經營權之爭埋下伏
筆。

土地資產引外人覬覦

　　和台灣許多發展較早的企業一樣，大同本業雖然不起眼，
但旗下擁有早年購入成本低廉且數量驚人的不動產。大同在全
台持有超過45萬坪的土地，且多數土地都在大台北地區，其中
光在台北市所持有的不動產的市價就超過1,000億元，然而當
時大同的市值卻低於650億元，更遑論大同公司連同子公司中
華電子投資公司合計控有市值670億元的華映近三成股權。市
場預估只要拿出200億元左右奪下大同經營權，就有機會分食
大同超過2,000億元的資產。不意外地，大同這個坐在「黃金
上的乞丐」吸引了各方鯊魚覬覦的目光，只是林挺生在世時，
大家基於敬重林挺生的威望不方便動手而已。果不其然，在林
挺生傳出病危消息後，大同的股價就開始起漲，在林挺生過世

後的第一個交易日起，大同股價甚至接連幾日都以漲停板開出
（如圖一），成交量亦爆增，不分大房和二房紛紛結合外部金
主搶進大同股票⑤，大家著眼的都是 2 年後的董監選舉。

圖一　大同公司股價走勢

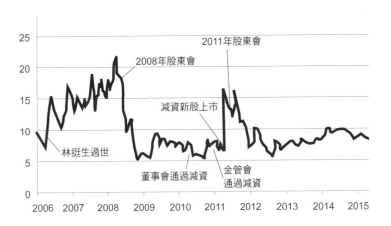

2008 年的大同董監選舉，本來市場派來勢洶洶，把大同股
價炒到每股 20 元以上，創下大同十年以來最高價，但結果卻是
雷聲大雨點小，在大同動用華映資金大幅進場買股、徵求委託
書和縮減大同董監席次等多管齊下，公司派大獲全勝。 但轉眼
2011 年又是三年一次的董監選舉到來，相較於三年前，大同持
有的資產因為不動產開始飆漲，價值變得更高了，但是大同股
價卻僅是三年前的一半，這意味著市場派要搶進大同經營權的

誘因更高但成本更低了。因此，大同的大幅減資與後續的私募
不免被市場解讀為，公司派想利用減資一方面削減市場籌碼，
另一方面再藉由增資順勢引進和公司派友好的其他勢力，共同
對抗入侵者。

減資背後的算計

減資是近年來流行的名詞，和增資剛好相反，顧名思義就
是把公司的股本減少，屬於公司財務操作的一種。一般而言，
公司會進行減資的方式和原因有以下幾種：

退還股東現金（現金減資）：當公司手上現金太多，短時
間內找不到更好的投資機會，或是股本太龐大，股價拉不動，
此時會透過減資進行瘦身，進而減少市場籌碼、拉高每股盈
餘，進而提升股價，例如2002年及2006年晶華飯店的兩次減
資，或是2010年中華電信減資20％都屬於此類。

庫藏股減資：即公司利用持有現金在公開市場上買進自家
公司股票再註銷資本，這種方式通常要比退還股東現金花費要
來得高，但一樣具有減少市場籌碼、縮減股本及提升每股盈餘
的目的，且通常可以達到立即拉抬公司股價的效果。

彌補虧損：也就是透過股本的降低來沖銷帳上的累計虧
損，這是台灣最常見的減資模式，這種方法最立即的效果是每
股淨值會因而提高，由於證交所對於每股淨值過低的公司將終
止其交易或是打入全額交割股⑥，因此不少上市櫃公司在面臨

每股淨值過低時，經常用此一手法來拉高每股淨值。

企業分割：如2010年華碩切割代工部門獨立為和碩時，即以減資85%模式，讓華碩股東原本持有的1000股變成150股的華碩及404股的和碩股票。減資後華碩股本從424億變成63億，連帶每股淨值也從39元提高到150.5元。

以上四種是「理論上」台灣上市櫃公司最常見的減資模式，不過「實務上」台灣公司常見的減資原因還有可能是以下幾種：

大股東缺錢：大股東缺錢的原因有千百種，投資新的事業需要錢，和老婆離婚要付贍養費等，不過台灣過去常見的原因是因應對中國大陸的投資。由於台灣對於對中國大陸投資審查較嚴，所以最合法的方式就是公司經營者利用對公司的控制權，要求公司現金減資把錢退給股東，大股東再拿這筆錢以個人身分把資金繞道第三地進軍中國大陸。這樣的手法相較於大股東直接在市場上賣出股票，雖然麻煩了一點，但比較不會對公司股價造成衝擊，也省去很多的稅費。此外，現金減資的另一個好處是所有股東的股權會等比例下降，讓大股東對公司的控制權較不會有影響。

把減資當現金股利：當股東收到來自公司發放的現金股利時，這筆錢會被視為「所得」而要併入所得總額課稅，以及要負擔如二代健保補充費等額外費用。相對的，減資被視為資本退還股東，就沒有上述稅費的問題，這對於高所得高稅率的大股東而言，自然是一項避稅的利器。

　　利用公司執行庫藏股達成大股東目的：庫藏股由於是從公開市場中買進公司股份再予以注銷股本，在有經營權之爭時，有助於提高大股東持股比例以及增加競爭者的購股成本。不過以另一方面來說，亦有大股東利用市場認知公司買進庫藏股就是利多消息，反手拋出自己持股讓公司和市場承接⑦。

　　為了引入策略投資人或賣出公司：台灣不少公司由於競爭力不再，股價多在10元以下，每天成交量低得可憐，大股東也無力轉型，公司剩下最有價值的資產就是現有掛牌上市櫃的資格。因此，大股東往往希望藉此引進新的投資人協助公司轉型甚至順勢直接把公司進行「反向購併」⑧。此時新投資方為了期望公司有一個更「乾淨」的財務環境以及考量未來增資的空間，往往會要求原經營者將原本累計虧損利用減資沖銷掉。

　　其他：例如公司帳上累計虧損過高，銀行可能會抽銀根或是拒絕新貸款，需要透過減資美化財報。又例如公司股價不振，大股東預先知道公司有未公布利多消息，於是先行減資來拉高股價及美化財報數字，待利多消息公布，再順勢拉抬股價或是提高後續現金增資價格等。

　　很明顯地，「實務上」台灣公司進行的減資，很多時候並不見得是基於公司的最大利益作考量，而是取決於大股東自身的最大利益。這樣的模式再搭配上私募，就如同電影食神裡的「刻骨銘心初戀，金銀情侶套餐」加上印度神油一樣，更是妙不可言。

　　台灣在2001年及2002年相繼修訂「公司法」及「證券交

易法」後才開放私募制度。不同於向社會大眾及原有股東（不特定人）進行的公募（公開發行），私募是指公司向少數特定人的募資方式。相較於公募，私募的最大好處在於發行成本低、取得資金快⑨及可以因應雙方需求量身打造具有彈性等好處。事實上，政府引入私募制度的目的，除了和國際接軌，讓公司融資管道更多元化外，也有考量上市櫃公司中不少雞蛋水餃股，這些公司或因經營不善長期虧損、或是財務數字不佳，不論是向銀行借款或是向公眾增資都有其困難，最後惡性循環變成殭屍股。主管機關希望透過私募給予這些公司引入新資金重新轉型的機會。除此之外，在國際競爭日趨激烈環境下，透過私募制的彈性，也有助於台灣公司與國際公司的策略聯盟。最後，為了避免私募被濫用，透過私募取得的股權必須自取得日起滿三年才能轉讓，很明顯地，私募最初的目的就是讓公司引入長期的「策略投資人」。

　　But，沒錯，就是這個But！在台灣公司治理不健全下，金管會的政策很快地上市櫃公司就出現了對策。首先是私募價格，原本規定私募價格不得低於參考價的八成⑩，於是不少公司在定價前就刻意壓低公司股價，進而更進一步壓低私募價格。其次，由於私募等同提供了一個以折扣價買進公司股票的機會，因此不管公司賺錢的、賠錢的、有需要的、沒需要的，大家都卯起來私募。以2010年為例，前7個月台灣就有180家上市櫃公司申請私募。最後，在公司打著引進策略投資人或是改善公司財務的大旗進行私募下，小股東經常發現，搞了半天

之後，私募的對象居然就是公司原本的大股東。特別是公司派
面臨經營權威脅時，平時大股東持股低，這時就藉著減資和私
募來鞏固經營權，甚至有大股東利用私募價格低於市場行情的
特性，賣老股換新股來套利賺價差，無辜的小股東反而變成了
炮灰。

　　最後回到大同，大同的減資案除了市場面的砲聲隆隆，
也引發一波對大同高層經營誠信質疑的檢舉黑函，其中包括
大同公司與大同大學的土地產權不清⑪、大同董事長林蔚山涉
及掏空公司的通達案以及公司疑似為拉攏市場金主，將旗下尚
志精密化學在登錄興櫃前賤售給市場大戶⑫等。在質疑聲與罵
聲不斷下，大同減資案歷經金管會二次退件後終於在2011年
1月通過，私募案則是喊停，改以發行1.5億美元海外可轉債
（ECB）。事情看似畫下句點，但股民們對於大同經營層誠信
與經營能力的質疑仍在繼續發酵。

結論

　　大同公司其實是台灣公司治理的經典案例，因為多數公司
治理討論的議題，舉凡論長不論賢的接班人制度、經營者低持
股卻控有公司不對稱的權力（如表一）、公益財團法人和海外
持股成為集團控股核心（如表二）、母子公司交叉持股、集團
旗下一堆與本業不相干的子／孫公司、經營者涉及掏空公司資
產與背信、切割旗下金雞母獨立成為不受監督的子公司、不合

理的董監酬勞、讓人質疑的獨立董事功能乃至五花八門的經營權之爭手法及冗長而無效率的司法審判等，在這家公司都可以找得到。即便是有這麼多受爭議的話題，而且公司長期以來無論經營績效或是股價數字也很難讓人滿意（如圖一）。But，沒錯，又是這個But，股東又能奈經營者何，董事長依然可以爽爽地控制整個公司！

表一 大同公司董事及持股

董事		持股（千股）	持股比例	質押比例
林蔚山	董事長	17,655	0.75%	31.02%
林郭文艷		15,904	0.67%	
陳火炎	大同大學法人代表	144,798	6.19%	
林蔚東		10,192	0.44%	22.56%（註）
張益華	尚志資產開發總經理	227	0.01%	
李龍達	尚志半導體總經理	-	-	
吳啟銘	獨立董事	-	-	
劉宗德	獨立董事	-	-	
蘇鵬飛	獨立董事	-	-	

註：林蔚東2015年設質比例達93％，於2016年3月解質部分質押後降為22.56％。

表二　大同公司前十大股東

股東	持股比例
大同大學	6.19%
員工持股信託專戶	5.08%
凌陽科技	1.97%
陳秀鑾	1.86%
次元新興市場評估基金	1.44%
大同高級中學	1.37%
大同聯合職工福利委員會	1.36%
陳麗卿	1.09%
羅珮綺	0.74%
沈清雄	0.70%

　　近年來台灣當局一直致力於推動公司治理，認為這麼一來就可以提高台灣上市櫃公司的透明度，增進企業經營績效，進而提高股東們的投資信心，吸引更多外資前來投資。但現實世界是，台灣的股民根本不相信政府這一套，覺得政府政策只是在作作樣子，即便是外資也不太買單。大同的例子或許告訴了我們的政府為什麼會是這樣！

✳ 公司治理意涵 ✳

✳ 通達案的省思

本案主體公司——通達國際公司本來是大同董事長林蔚山的私人投資，後來因通達虧損達13億元，而林蔚山又擔任通達的連帶保證人，爲怕銀行向自己追討，林蔚山指示旗下尚志資產挪用公款先後金援通達3億元，而後又指示尚志投資入主通達幫忙還清欠款，最後由於通達涉及假交易與掏空虧損過大，在多次減資後尚志直接將通達清算解散，本案造成大同20億元的損失。

依林蔚山解釋，他只是把個人投資賣給大同，大同又評估錯誤才會造成損失，他並無掏空大同公司，不過此一說法法官並不採信。林蔚山在2011年10月被起訴後，本案在2012年6月一審判4年半，2014年8月二審判8年並易科3億元罰金，目前本案由最高法院以二審判決理由不完整，發回高院更審中⑬。

通達案發生於2000～2006年，當時對於上市櫃董監事及經理人的規範的確不如今天嚴格，但是一個上市公司的總經理居然可以挪用公司資金幾億元直到2011年才被發現及起訴，大同公司的內部稽核及監察人的失職實在令人匪夷所思。

其次，本案例眞正關鍵公司是大同百分之百持有的子公司——尚志資產開發，大同於2003年利用當時土增稅減半政策，將旗下鉅額不動產切割出來移轉至該公司，進行大同閒置土地的活化和開發。想當然爾，這也是大同公司目前最大的金

雞母⑭。尚志資產是大同百分之百子公司，獲利及盈餘亦回歸到大同看起來並沒有問題。但問題是尚志資產開發是一家未上市公司，不像大同有許多資訊揭露的要求，外界的人很難得知這家公司真實的營運情況。台灣許多上市櫃公司很喜歡以專注本業為由，把旗下金雞母切割出去，但切割出來的公司在財務不透明的情況下，大股東就很容易把手伸進這家公司，進而成為大老闆私人的小金庫，看看通達案的經過就可略知一二。

✳ 私募的變革

　　大同鉅額減資及私募事件以及之前一連串私募亂象，引發社會要求檢討私募制度的聲浪，因而金管會於2013年修正私募的相關規定，包括：

　　（1）私募價格從原本定價日前1、3或5個營業日擇一計算普通股收盤價簡單算數平均數扣除無償配股除權及配息，並加回減資反除權後之股價。增加與定價日前30個營業日普通股收盤價簡單算數平均數扣除無償配股除權及配息，並加回減資反除權後之股價，二個基準計算價格較高者。私募訂價不能偏離公司股價與淨值過大，也不能低於參考價的八成。

　　（2）獲利的公司除非目的在引進策略投資人或是有重大因素經證交所同意，不得進行私募，該私募也不得有公司內部人或關係人。

　　（3）公司董事會需討論及揭露私募對象（應募人）名單、與公司關係及私募方式，並載於股東會召集事由中。如果

應募人為法人，則必須揭露該法人在公司持股比例。

　　（4）公司要辦理私募必須要說明不用公募的理由、私募目的及未來資金用途、獨立董事對私募的意見；董事會決議辦理私募前一年內經營權發生重大變動或辦理私募引進策略性投資人後，將造成經營權發生重大變動者，必須要請證券承銷商出具辦理私募必要性與合理性的評估意見等。

✹ 董監事判刑解任

　　早在力霸案後，台灣各界即倡議若公司負責人、董監事及經理人涉及經濟型犯罪，應修法改為一審判決確立後即予以解任，以提高台灣公司治理。不過該法案在立委護航財團為求尊重人權及力求法律嚴謹下，遲遲沒有通過。現行法令對於公司高層涉及經濟犯罪解任規定，仍定於「公司法」第30條，要求當事人需判刑確立才解任[15]，也因如此才會出現大同這種董事長掏空公司後，在2012年被判刑，但迄今仍得以控制公司的奇怪現象。

　　雖說台灣的司法非常不具有可預測性，經常出現一審輕判、二審重判或是一審重判、二審無罪讓人不知所以的結果，但身為上市櫃公司負責人，肩負著廣大股東及公司關係人的利益，其誠信當然應該要適用於更高的標準。更遑言，當公司負責人如果是基於損害公司（股東）利益一審被判有罪，他和公司之間自然就形成了對立的關係，不管其最終判決為何，在無罪判決前當事人本來就該迴避。你有聽過偷子公司錢被抓到的

~~員工還每天去上班的嗎?~~是否正因為台灣對上市櫃公司董事解任的條件太寬鬆,外加台灣漫漫長路的司法判決過程,才讓許多上市櫃公司老闆有恃無恐地掏空公司呢?

註釋

① 減資後的股價理論上和除權息的道理相同,公司減資後股東持有股數會變少,但股價會上升,所以持有總市值會不變,三種不同減資模式分別計算減資後恢復買賣價公式如下:

　　(1) **退還股款**:恢復買賣參考價=(停止買賣前收盤價-息值-每股退還股款)/(減資換股率)

　　(2) **彌補虧損**:恢復買賣參考價=(停止買賣前收盤價)/(減資換股率)

　　(3) 減資後現金增資除權參考價=(恢復買賣參考價+現金增資認購價×減資後現金增資配股率)/(1+減資後現金增資配股率)
　　但實務上這類打消虧損的減資經常被市場視為利空,引導股價再次下跌。例如大同在 2010 年 4 月 27 日宣布減資消息後,股價即從原本 7.4 元一路跌到 5.5 元左右。在 2011 年 4 月 11 日減資換發新股重新交易(停止買賣前收盤價為 6.75 元)後,股價也從 16.5 元一路跌至低於 12 元。

② 林郭文艷目前為大同總經理。

③ 自然人董事與法人董事代表差別在於自然人董事受任期保障,除非有違法遭判刑、被主管機關解任或主動請辭,否則可以做到任期屆滿;法人董事代表則是可以隨時被所代表的法人所更換。

④ 面板業兩虎三貓的說法出於友達董事長李焜耀,在 2003 年的法說會上,他對於市場統稱台灣五家 TFT-LCD 面板公司為「面板五虎」表示不以為然,認為台灣只有友達和奇美兩隻老虎,其他三家(華映、廣輝、瀚宇彩晶)只是小貓。

⑤ 林挺生過世後率先出手的是林蔚東（大房二子）結合聯電以弘鼎創投名義買進大同 4.7 萬張，而後有林鎮弘與胡定吾（前開發工銀總經理）及關恆君（晶磊半導體董事長）等市場派合作揚言結合外資重返大同。

⑥ 「台灣證交所股份有限公司營業細則」第 49-1 條規定，在證交所審查公司半年報時，如果該公司淨值為負值則直接終止上市，若每股淨值低於 5 元，且審計會計師出具「非無保留意見」或是「對繼續經營有疑慮」意見時，則改列為全額交割股。

⑦ 庫藏股相關討論請參見先覺出版《公司的品格》個案 16〈砸大錢保股價庫藏股面面觀〉。

⑧ 反向購併即所謂的「借殼上市」，相關討論請參見先覺出版《公司的品格》個案 19〈買殼與借殼上市〉。

⑨ 一般上市櫃公司公募的現金增資，除了需由董事會與股東會通過外，還需經過金管會同意，之後還要請承銷商承銷，時間不但長成本亦高；相對的，私募股權只需董事會與股東會通過即可，只需向金管會報備（私募公司債甚至只需董事會通過，不需股東會通過）。

⑩ 私募暫訂參考價是以不得低於定價日前 1、3、5 個營業日擇一計算之普通股收盤價簡單算術平均數扣除無償配股除權，並加回減資反除權後平均每股股價。

⑪ 大同大學校產案係指林挺生時期，大同公司和大同大學合建「新德惠大樓」及「尚志教育館」二棟大樓，由於林挺生自詡為「校長／教授／董事長」，因此雖然名為合建，但產權卻未清楚畫分，在大同大幅減資後，投資人紛紛要求追查這些產權不清的資產。本案最終在中華仲裁協會裁判大同大學應支付大同 7.49 億元而畫下句點。

⑫ 2009 年尚志精密化學（尚化）登錄興櫃前，大同公司以分散釋股為名拿出 1 萬 2 千張，其中 7 千多張賣給了股市名人賈文中夫妻及其關係人，成交均價為每股 15.89 元。三個月後尚化登錄興櫃第一個成交日即來到每股 132 元，價差約為 8.12 億元，這筆錢應為大同股東所有。而有趣的是，2011 年起賈文中所有的鼎富證券即大筆買進大同超過 2 萬張，二者是否有對價關係？實在耐人尋味。

⑬ 最高法院發回更審並不是認為林蔚山是否犯罪有疑慮,只是覺得二審判決的「加重背信罪」是重罪,因此應對通達如何造成大同損失詳加說明,以及二審未對於相關犯罪金額是該沒收還是發還作出宣告,因此要求二審在判決理由應更明確說明。同一案中,林蔚山另犯的背信罪及未繳納股款罪則是判刑確立。

⑭ 尚志資產開發近幾年盈餘分配如下表三:

表三 尚志資產開發近年獲利

	2012	2013	2014	2015
淨利(億元)	20.00	10.65	14.90	4.48
每股盈餘	383.13	204.00	285.70	85.90

⑮ 針對金融業經理人及董監事解任,證交法及金管會另訂有更嚴格標準。

企業常見的美化財務報表手法──
資產負債表篇

　　有一個故事是這樣：一個會計師死後閻羅王問他想上天堂或是下地獄？「當然是天堂！」會計師不假思索地回答。「不用急，既然你是專業人士，我特別允許你可以先參觀比較後再作決定」。會計師先來到天堂，他發現天堂裡人人清苦自持十分無趣，反而是在地獄大家酒池肉林放縱歡樂。會計師心想這才是人生啊！於是他選擇了地獄。幾天後，閻羅王巡視地獄時，遇上了戴著刑具正在做苦工的會計師。會計師大聲喊冤：「明明你給我看的地獄都在享樂，怎麼我進來之後完全不是那麼回事？」閻羅王不疾不徐地回答：「哦～我以為每一個會計師都懂得分辨什麼是美化後的資訊！」。

　　是的，和你在 Facebook 上看到的美女自拍圖一樣，絕大多數上市櫃公司公告的財務報表（財報）都是經美化過的。依不同的美化程度各有不同的名詞，如財報窗飾、盈餘管理、操控損益到財報舞弊等。為什麼公司要刻意美化財務報表呢？理由很簡單，對公司的外部人來說，大多無法得知公司真實的營運和財務狀況，唯一依賴的就是公司定期公開之財務報告①。換言之，對公司（經營者）來說，財務報表就是公司（他）的成績單和體檢表。如果有一些合法的、不見得合法但也不違法

的、不合法但對自己或公司有很大好處的，可以讓這份成績單好看一點，最重要的是大家都這麼做，而且公司相關會計、稽核都是自己人，如果是你會不會這麼做？

等一下！就算會計準則、現行法令和公司制度讓主事者有很多選擇或操弄財務報表的空間，但你說台灣1,600家左右的上市櫃公司中大多數的公司財報都是經過美化過的，這個說法未免太過份了吧！

你會這麼想，是因為你把美化財報和掩蓋老闆挪用掏空公司資產，或是為了炒高股價刻意虛增盈餘直接聯想在一起，雖然不能否認造假炒股的確普遍存在於台灣資本市場之中，但讓老闆們動念去美化財報的原因還不只於此，其他原因包括如逃稅，喔，我是指稅務規畫、為公司淡季或經營者個人績效預留空間、因應公司上市櫃要求②或符合銀行借款合約之限制條件（要求維持一定財務比率）等。不過除此之外還有另一個重要原因是：公司的關係人（投資者、債務人）就是想看到美化後的財務報表，這和大家都愛濃醇香而帶動了食品化學添加物的道理一樣，有需求自然帶動供給。如果你不相信，可以看看下面的例子。

A公司2015年各季分別較去年同期成長35％、-10％、30％和-25％，而B公司各季較去年成長為3％、5％、5％、7％。假設A和B二家公司行業別、規模和EPS都一樣，而你一定要把全部的錢投在其中一家，你會投A還是B？

根據統計大多數的人都會選B，因為大家想看到的公司，

是一個不會大起大落但逐季穩定成長的公司。你也可以回頭去驗證你所熟悉的上市櫃公司，他們所公告的營收及獲利數字是否就是這樣逐季小幅至中幅成長（衰退）？請再回想一下真實的世界，除了少數成熟而穩定的行業外，多數公司真正的營收應該是會上下波動還是逐季成長？如果波動才是常態，但偏偏公司關係人都想看到穩定成長，或是一堆財經企管專家就喜歡成天拿著一堆 ROA、ROE、存貨周轉率這些數字評估公司，那怎麼辦？當然是大家愛什麼我們就給什麼啊！於是自然地許多的調整手法就因應而生，這些手法好聽一點的叫「盈餘平滑化」或「盈餘管理」，也有些人斥為「操縱盈餘」。簡單地說，就是用合法、有爭議的、非法的會計方法讓公司呈現的財務報表迎合市場需求但卻偏離公司真正的情況，結果自然也造成財務報表使用者決策的扭曲。

　　以下就以主要財務報表與相關科目常見的操弄手法進行分析：

資產負債表（Statement of Financial Position）③

　　資產負債表是顯示在特定某一天公司的資產、負債和股東權益的情況（資產＝負債＋股東權益），也就是公司的財務狀況。簡單的資產負債表如下圖一所示。一般來說，投資人多在意公司的損益表，債權人（如銀行）才會特別在意資產負債表，而且會期待看到公司資產（特別是土地廠房和速動資產）④愈多愈好、負債愈少愈好，因為高淨值才愈能確保其債權。但對投資人而言，過高的資產卻可能造成資產報酬率

（ROA）偏低。因應不同需求，公司財會主管會視公司當下目的調整相關科目，常見的方式無非就是虛增（或低估）資產和低估負債。

　　資產（Asset）：資產底下主要有流動資產與非流動資產兩大類，流動資產包括現金及約當現金、投資、應收帳款及存貨；非流動資則包括不動產、廠房及設備和無形資產。資產相關科目可能操控手法包括：

　　1.現金：現金常被喻為公司的血液，經常有營運良好的公司只是因為資金鏈銜接不上而破產，因此現金是不少財務報表使用者很看重的科目。「理論上」現金是最不可能被動手腳的科目，因為公司在銀行裡有多少存款一目瞭然，呃～這是「理論上」。別忘了資產負債表顯示的只是「特定某一天」該公司帳面上的情況，因此有些公司資金平時是被挪用的，待年底因應會計師查核時再返還公司。此外，由於近年來公司財務操作興盛，有些公司與投資銀行進行海外交易，再以帳上現金設定抵押，外部人只看到公司帳面的高現金部位以為很安全，殊不知一旦出事，這些現金部位都會被扣走。

圖一　資產負債表

XXX 公司
資產負債表
105 年 12 月 31 日

資產		負債及權益	
流動資產		**流動負債**	
現金	XXX	應付帳款與票據	XXX
應收帳款與票據	XXX	其他應付款	XXX
其他應收款	XXX	本期所得稅負債	XXX
本期所得稅資產	XXX	負債準備	XXX
存貨	XXX	短期借款	XXX
透過損益按公允價值衡量		透過損益按公允價值衡量	
之金融資產	XXX	之金融負債	XXX
非流動資產		**非流動負債**	
備供出售金融資產	XXX	長期借款	XXX
持有至到期日金融資產	XXX	應付公司債	XXX
採用權益法之投資	XXX	以成本衡量之金融負債	XXX
不動產、廠房及設備	XXX	**負債總計**	XXX
投資性不動產	XXX	股本	XXX
無形資產	XXX	資本公積	XXX
		保留盈餘	XXX
		庫藏股票	（XXX）
		權益總計	XXX
資產總計	XXX	**負債及權益總計**	XXX

註：資產負債表應採兩期對照方式編製，並由董事長、經理人及會計主管簽章。
上市上櫃公司之財務報表格式應依據證券發行人財務報告編製準則。

　　2. 交易目的之投資：這是指公司運用閒置資金進行的短期投資。「理論上」這類投資都應該具有高度流動性、有明確市價可以定期進行評價，並將評價調整後的損益認列在公司當期損益當中。但近年來一方面由於低利率環境和不少企業推動利潤中心，要求公司財務部積極投資賺取收益，再加上金融衍生性商品（甚至是量身打造的）及海外交易的盛行，投資部位經

常成為一家公司的重要收益來源，但同時也是最大的地雷。

首先，這類金融衍生商品由於非標準化，不見得有市價，因此帳面上價值不見得能充分和即時反映其真正價值（或公允價值 ）⑤。此外，不少公司也常用所謂的「Off-Balance Sheet」表外手法來掩蓋其投資部位損益，也就是把投資未實現損失（或獲利）透過交易藏在財務報表之外的地方，這個地方可能是不必納入合併報表的子（孫）公司、和投資銀行協議成立的空頭公司及基金（再以公司現金作質押）或是看似和公司無關，卻由公司出面擔保的公司等。等到問題大到蓋不住了，公司關係人才知道有一個資產負債表外的大地雷。

3.應收帳款：應收帳款像是銷貨和現金的中間站，由於近年來台灣商業交易條件愈來愈嚴苛，從傳統月結延長成60、90天甚至是180天，自然也讓應收帳款成為一個愈來愈重要的科目。應收帳款最常見的問題是公司製造假交易來美化營收，這些交易會被掛在應收帳款上，最終因為收不到錢造成公司營運資金不足而出問題。對此，關係人可從公司應收帳款明細中逾期或特定關係人之款項金額是否過高？注意是否有塞貨或圖利特定人的問題存在。

其實依會計準則，公司必須定期提列「備抵壞帳」來做為壞帳準備，此舉會讓公司費用增加、資產下降，因此公司常見低估壞帳，屆時碰上好機會再一併把提列不足的壞帳一次打消。

另一種常見的手法是出售應收帳款給金融機構，特別是公

司進行太多關係人交易造成帳上應收帳款過高引發關係人疑慮時。透過這樣的交易，公司帳上現金會增加、應收帳款下降，的確很符合關係人想看到的答案。但由於實務上多數這類交易金融機構都有追索權，因此金融機構都會要求公司要把這筆資金存在該金融機構指定帳戶內不得動用，一旦應收帳款無法收回或僅部分收回，金融機構有權直接從該帳戶內扣除不足金額。一般關係人只能看到報表上的數字卻不知背後的交易⑥。

　　4.存貨：存貨也是財務報表中一個重要的科目，除了金額龐大，另一個原因是存貨牽聯到銷貨成本，進而影響營業利益。雖然一般認為會計準則允許多種存貨評價模式讓公司有操作空間，事實上除非能說服會計師，否則一家公司採用一個和同業不一致的模式或突然改變存貨評價方式的可能性並不高。存貨通常爭議在於「歸屬」問題和「存貨跌價損失」的認列。存貨的歸屬與銷貨有密切關係⑦，當存貨賣出時，存貨才能自帳上除列，但很多情況下雖有銷貨之名，但所有權與經濟效益並未移轉給買方，則存貨仍歸屬賣方。常見的問題如在高退貨率之銷貨情況下，若銷貨退回金額無法合理估計，則商品仍屬賣方之存貨。又如附買回合約之銷貨應視為融資，因此存貨仍為賣方資產。寄銷品則應等商品賣給第三者才能將存貨除列。

　　此外，公司取得存貨後常會因為新技術、新產品等因素造成存貨過時、價格下跌，尤其在快速變化的產業如電子通訊業更為明顯，經常相隔1～2年公司原有庫存就和廢物沒二樣。存貨價值的減損不僅讓公司資產下降，同時也影響當期損益，

自然不是經營者所樂見。因此常見的就是低估存貨的跌價⑧，再利用公司大賺錢時去沖減，或是把這些低價庫存銷（塞）往（海外）子公司，最後經常造成的結果不是海外庫存太多拖垮公司現金流，不然就是公司會利用經營層更迭時，把所有問題全部推給前任，一口氣大幅提列減損或進行報廢，讓公司認列巨額損失，只留下突然看到新聞驚嚇過度以致無法言語的投資人，這二者在台灣都很常見。

最後，相較其他資產，存貨還有庫存盤點的問題，而且簽證會計師不見得有能力辨識所盤點存貨的真實性，因此存貨常衍生其他問題，例如有帳無料（東西根本不存在）、不良品充正常品入帳或是假交易造成帳上存貨減少，但東西一直在貨倉的假象等。

5. 長期投資：長期投資主要包括「持有至到期日」（債券）和「備供出售」二個部位。和流動資產下的投資不同。持有至到期的債券部位除非該標的有無法清償的可能，否則不用依公允價值評價；而備供出售下的部位雖然同樣要用公允價值評價，但未實現損益會反應在股東權益而非損益表，因此公司常見的手法就是把持有部位在這三種科目內轉換，例如保險公司持有許多原本多歸類在「持有至到期日」下的債券，由於利率的持續下滑這些債券大多有很高的未實現利益，因此近年不少保險公司常透過「重分類」，將原本持有至到期部位債券重新分類至「備供出售」（提高淨值）或「無活絡市場債券」，及「以交易為目的」（提高獲利）來美化財務報表。也有部分

公司從集中市場買入股票後遇到部位接連下跌，怕影響獲利，就將部位改分類至「備供出售」，如此一來，投資部位依公允價值評價下跌時不但不用立即認列損失，還因為股東權益下降，反而讓股東權益報酬率（ROE）上升⑨。

　　6.土地、廠房與設備：這項資產的特色除了金額龐大外，另一個就是多只有參考價沒有明顯市價，因為理論上沒有二塊土地（或大型設備）價格是一樣的，因此常見的關係人從中上下其手也多在此項。過去常見的手法是關係人交易，就是公司向老闆或關係人買地（或設備），買賣方共同把價格拉高，關係人賺到實質利益，公司也可以以高價入帳。不過這樣手法在新會計準則要求以公允價值定期評價和主管機關緊盯關係人交易後，不動產交易較為收斂，主要轉為更難評估公允價值的設備中。

　　此外，很多人認為土地和廠房是一體的，但從會計上來看二者有很大的差別。主要是廠房要定期提列折舊，而土地不必。換句話說，從會計上來看，廠房和設備的價值是逐年遞減的，但土地只會受市場波動影響，更別說當廠房如果公允價值上升，每年要提列的折舊費用也會跟著增加，影響公司盈餘。因此最好的方法莫過於不動產交易時將較大的金額灌在土地上，讓定期折舊費用降低，也等同保有資產帳面價值。

　　7.無形資產：許多人對無形資產的迷思是把有形資產的觀念套用到無形資產上，認為公司可以透過處分無形資產創造收益。事實上以會計的角度，公司大部分的無形資產因無法衡量

而無法認列，比如人力資源、內部產生的品牌、顧客關係、管理或製程技術，甚至研究成果等，皆因公司無法控制其所產生之未來經濟效益而無法認列為無形資產。此外，一些科目之所以被歸類到無形資產只是因為會計上無法明確辨認或歸類，例如反映公司合併時被併公司收購價格與其淨資產公允價值差異的「商譽」。近幾年的併購風潮下，反而常見公司高價併購後，因被併公司未能帶來預期效益反而後來要提列鉅額的商譽減值損失。

負債（Liability）：主要分為一年內到期的流動負債，如短期借款、應付帳款、一年內到期的長期負債等，以及一年以上的長期負債，如長期借款、應付公司債等。

1.流動負債：流動負債的產生主要有因公司短期資金不足的銀行融資和同業調度、和公司銷貨相關產生的應付帳款（票據）、應付費用，以及因營運產生的應付租金、應付薪資等。由於流動負債等同公司短期資金的減項，多數關係人期待看到較高的流動比率（流動資產／流動負債）以顯示公司短期內的周轉能力與償債能力沒有問題，因此公司會設法利用會計方法的彈性或調整應計項目認列來壓低流動負債，例如低估或漏報公司應付款項，利用驗收等手段遞延認列應付帳款、利用子公司借款，甚至因應資產負債表截止日，先行在期末還款、期初再借回來等。此外，當公司有著高額帳列現金，銀行借款卻仍大幅增加時，則可注意公司現金是否遭挪用。

　　不過通常更大的問題是，和前面所提一樣，在低利率和利潤中心制度下，不少公司財務部開始積極運用銀行給予公司的信用額度進行財務操作，這些投資標的不少是高槓桿的匯率型金融衍生商品。關係人往往只從財務報表上看到負債數字，以為負債僅限於此，但不知在槓桿下這些商品賠率可能會超過本金的100％，進而低估了流動負債的金額。

　　2.長期負債：長期是指付款時間在一年以上的公司負債，主要包括長期借款、公司所發行的債券、應付退職金和償債基金等。常見的長期負債問題包括，公司刻意未將一年內到期債券轉為短期負債、未合理攤提公司債發行時的折溢價、和低估退休金準備。

　　其他—租賃　租賃是另一種常見搬移資產負債表科目的方式，主要手法包括：

　　（1）營業租賃和資本租賃的混淆：這是指公司要進行巨額採購時，原本正常採購模式下公司資產會上升，但同時負債也會上升，這當然不是關係人樂見的結果，因此部分公司會改採「租賃」方式向租賃公司定期支付租賃費用方式取得資產使用權，這樣一來公司帳上不會出現相關資產和負債，藉以改善資產報酬率，同時因負債減少而降低風險。

　　（2）售後租回：售後租回剛好是上述的相反，指公司先將資產出售給租賃公司認列處分資產收益後，再用租賃方式向租賃公司長期承租，這樣的好處是一方面可以認列處分資產收

益，同時又降低公司帳上資產及負債。

　　不過以上二種方式在近期租賃之會計準則更新後，都採取從嚴認定，已減少相關操作空間了。

註釋

① 財務報告包括財務報表、重要會計項目明細表及其他有助於使用人決策之揭露事項及說明。其中財務報表包括資產負債表、綜合損益表、權益變動表、現金流量表及其附註。

② 多數證交所對申請股票掛牌上市（櫃）多有獲利率要求，例如台灣證交所要求申請掛牌公司（主管機關特許公司除外）最近二個會計年度稅前營利占實收資本額均達 6%以上，占最近五個會計年度均達 3%以上。

③ 過去台灣依循美國將資產負債表和損益表的英文分別稱為 Balance Sheet 和 Income Statement，但因台灣已改採「國際財務報導準則」（IFRS），因此本書使用 Statement of Financial Position 和 Statement of Comprehensive Income 定稱。相關科目名稱和歸類方式亦以 IFRS 與證券發行人財務報告編製準則為標準。

④ 速動資產是指流動資產扣除較不易快速轉換成現金的存貨、預付費用及短期投資後的數字，用來衡量公司短期內的現金支付能力。

⑤ 公允價值是指市場參與者間在有秩序之交易中出售資產所能收取之金額（退出價格），通常是指活絡市場之公開報價，或以評價技術衡量之價值。會計準則要求公司衡量公允價值時盡量使用可取得攸關之可觀察輸入值之評價技術如類似資產之市價、未來現金流量折現值、重置成本等，再加以風險調整與考量特定因素。

⑥ 若公司之現金之用途受限制，應依情況重分類或在公司財務報表附註揭露受限制情形。

⑦ 可依收入認列條件判斷存貨歸屬，包括商品所有權之重大風險及報酬是否移轉、是否控制並持續參與出售商品之管理等。

⑧ 存貨評價採用成本與淨變現價值孰低法來衡量。所謂淨變現價值是指估計存貨的售價減除還需投入之成本及銷售費用後之餘額。若存貨的淨變現價值已低於成本，則應將存貨沖減至淨變現價值，並認列存貨跌價損失。

⑨「國際財務報導準則」第 9 號「金融工具」將於 2018 年生效，屆時將取消備供出售分類，也不再允許重分類（除非營運模式改變）。

個案 **10**

一場未完成的合併案

──台新金與彰銀的拖棚歹戲

2014 年 12 月台新金融控股公司（以下簡稱「台新金」）由於彰化銀行（以下簡稱「彰銀」）經營權之爭，向台北地方法院提起民事訴訟狀告財政部，連帶要求賠償 100 億元引發議論紛紛。

這件事之所以引發討論，是因爲自金管會獨立後，財政部雖然不再是台新金的直屬主管機關，不過由於台灣的金融業屬於特許行業，政府向來對金融業有相當程度的控制力，因此不同於製造業經常炮打中央和直屬的經濟部，台灣金融業對主管機關多半還是抱著民不與官鬥的心態，頂多只是私下抱怨，檯面上還是處於一團和氣的假象。因此本案創下了台灣二個第一：第一次有金融業者膽敢控告財政部。此外，由於台新金後來將求償金額提高爲 165.58 億元，而我國法院民事訴訟判決費係依求償金額比例收費①，本案受理的地方法院收取判決費高達 1.11 億元，也創下我國有史以來單一個案最高的判決費。

本案例主角彰化銀行成立於 1905 年日治時代，原名爲「株

式會社彰化銀行」，總行設於彰化廳，是第一家由台灣人自行
籌資成立的銀行。國民政府接收台灣後於 1947 年改組為彰化商
業銀行，成為官民合資的省屬行庫，和第一銀行、華南銀行三
家性質類似的銀行通稱為「三商銀」。其中，彰銀率先於 1962
年股票上市，成為台灣第一家上市的銀行股。

　　受惠於台灣早期的金融管制及經濟的高速成長，具有全台
通路的三商銀成為許多民眾和公司不得不打交道的對象，當然
也因此累積了不少資產和盈餘。當時三商銀的員工被稱為捧著
比公務人員鐵飯碗更高級的「金飯碗」，更別提三商銀高層的
位子可是財政部官員和台灣省主席周邊人馬角力的肥缺。相對
的，三商銀高層在位者為了鞏固自己的寶座，除了要繳出一份
符合水準的成績單外，如何擺平各方勢力的「要求」讓大家皆
大歡喜，更是這些銀行高層重要的課題。也因此，配合關說、
低列壞帳、違法超貸和依政治高層指示放款等，在早期的三商
銀不是特例而是常例。

新銀行威脅與金融風暴席捲

　　1990 年台灣開啓金融開放的時代，1991 年起陸續有 16 家
新銀行獲准成立②。新銀行明亮的大廳和親切的服務大大扭轉
了台灣人以為銀行員工都是天生臭臉的刻板印象，不少客戶開
始流向新銀行。而此時傳統公股銀行制度面上僵固問題也開始
一一浮現，例如當時正值資訊化開始普及的年代，資訊人才供

不應求,公營銀行受限於制度,正式員工都必須要通過高普考取得公務員資格才能任用,而且薪資也比照公務人員沒有彈性,當然很難和興起的新竹科學園區或民營企業搶人才;或是公家機關相關支出都必須在前一年編列預算,面對當時民營銀行開戶送贈品的行銷手法,公營銀行完全無力應對。更重要的是,新銀行的主要幹部大都還是挖角舊行庫員工,結果新銀行作的業務和舊行庫並沒有太大的區別,只是更敢冒險,更敢殺價而已。最終導致包括彰銀在內的公有行庫不但面臨大量人才的流失,業績也大幅的下滑。

1997年亞洲爆發金融危機,泰國、韓國、印尼如骨牌般一個個倒下,不在風暴核心的國家如台灣和新加坡都遭逢貨幣對美元大幅貶值和股市狂跌。為了避免信心崩盤造成連鎖效應,政府要求銀行不得隨便對企業抽銀根,這個政策看似化解了台灣當時的信心危機,但實際上只是在壓抑金融風暴前台灣許多企業利用高財務槓桿炒作股票和房地產所醞釀的泡沫化。1998年當亞洲金融陰影逐漸散去,原本受傷較輕的台灣卻開始爆發本土型金融風暴,多家上市櫃公司甚至中大型集團紛紛發生財務問題③,最後演變成台灣金融業的鉅額呆帳。圖一為本國銀行與彰銀1995年至2002年間逾放比的變化。

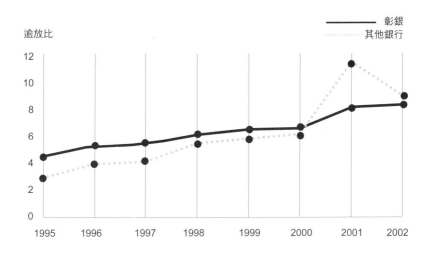

圖一　彰銀與其他銀行逾放比

　　2000年政黨輪替後，新任扁政府一方面要解決既有銀行業高逾放比的燙手山芋，另一方面要為2002年1月1日起，台灣正式加入世界貿易組織（WTO）所承諾的逐步取消金融管制及開放金融市場預作準備，於是自2001年起推動俗稱「二五八金融改革方案」的第一次金融改革（第一次金改），目的要在2年內將銀行逾放比降到5％以下，讓銀行資本適足率（BIS）④回到8％。具體的作法包括通過金融六法⑤鬆綁金融業務、鼓勵金融業合併、成立金控公司進行交叉行銷和金融創新，以及將金融業營業稅從5％調降至2％，協助金融業打消呆帳。

　　面對打消呆帳和因應未來國際競爭雙重目標下，各銀行

紛紛找了洋和尚來幫忙唸經,第一銀行(金控)先後各花了近
億元找了埃森哲(Accenture)和麥肯錫(McKinsey);彰銀
則是以三年六億的費用找上了荷商 ING 協助進行組織再造。目
標都是希望待體質改善後可以直接引入外資作為策略夥伴,順
勢成為國際化銀行。在這個目標下,2003 年由第一金控先打
頭陣發行約當10億普通股的全球存託憑證(Global Depositary
Receipts,簡稱GDR),用來提高第一金的資本適足率及引進
國際策略投資人,結果整件事最後卻是虎頭蛇尾、疑雲密佈
(請參見附錄之經典個案〈第一金控發行GDR疑雲〉)。

　　大張旗鼓的第一金控出事了,排第二棒預定發行約當 14 億
股普通股 GDR 的彰銀只好暫緩。等風頭過去,本案 2004 年再
被提出,但外資認購意願不高,因此又延至 2005 年 6 月。當時
財政部長和彰銀信心滿滿地告訴大家彰銀很搶手,多家外資表
示有興趣,預期發行價格可望上看每股 20 元。可惜現實是殘
酷的,台灣人把第一金和彰銀當做寶,認為這二家銀行股價被
嚴重低估無法充分反應其持有資產的真實價值。但經過外資的
實地查核後,卻認為台灣金融業透明度不夠、風險準備提列不
足,以及彰銀帳面低估壞帳及不良資產下。因此,ING 只願意
出價每股 10〜12 元,日本新生銀行出價 12〜14 元,不但遠低
於號稱的每股 20 元,相較於當時彰銀每股 17 元左右的市價還
折價20〜30%。當時的國會由在野黨把持,~~在野黨立委不思檢
討自己,到底是誰把彰銀搞爛的,但要檢討別人倒是很厲害。~~
在野黨立委堅守為人民看緊荷包的職責,自然不可能坐視國有

資產被賤賣，彰銀GDR發行一案財政部在2005年5月宣布無限期暫停，自此無疾而終。

　　GDR發行不成，但彰銀原有的逾期放款偏高及資本適足率偏低的問題依然存在，在財政部和彰銀高層協商後，2005年6月彰銀董事會通過改以私募競標的方式發行14億股的可轉換特別股（Convertible Preferred Stock）⑥，這批特別股未來可以1：1比例轉換爲約當22.5％彰銀股權，每股競標起價爲17.98元，接受投標對象也從原本限定的外國法人放寬爲本國與外國法人皆可。此外，爲了避免上次GDR發行時「萬人呼應，兩人到場」的局面再現，還特地安排了具有官股色彩的兆豐金控在牛棚熱身，必要時上場救援。

　　這個決定似乎讓人難以理解，不過才幾個月前外資出價都低於每股15元，憑什麼現在財政部認爲可以用每股近18元賣出去？答案揭曉，爲了提高投標意願，財政部分別在2005年7月5日和21日出示二份公告：「爲達成二次金改目標⑦，財政部同意支持引進的得標金融機構可取得經營權」「財政部同意給得標者董監事過半權力，以及彰銀公股釋出不會創造第二大股東。在財政部持股未釋出前，如得標人仍爲最大股東，財政部仍支持得標者主導彰銀經營權，且在合法及不損害股東前提下，財政部將支持得標者在董事會的提案。」用簡單的話說，財政部意思是：「誰拿下這個案子成爲彰銀最大股東，作爲第二大股東和主管機關的財政部就支持他取得彰銀的經營權。」

精悍小金控入主顢頇大銀行

財政部的公告一出果然引發不少金控公司的興趣，因為在二次金改的金控減半目標下，大家都怕如果不透過購併壯大自己，最終反而可能會淪為被購併的對象。當時的彰銀（2005年7月）雖然帳面數字難看，累計前6個月虧損每股2.35元，廣義逾放比7.7%，逾放金額約663億元，備抵壞帳僅116億元，但也同時擁有超過160家的分行，占台灣存款及放款市占率約各5%及5.14%的既有優勢。在此之前，已有國泰金控購併世華銀行以及富邦金控購併台北銀行而讓市占率大增的先例，拿下非屬金控的彰銀，對於原本的領先者可以更進一步跨過10%市占率的門檻，而對中後段的金控公司來說，則可能是最後一次晉身前段班的機會。因此本次彰銀特別股標售最終吸引了富邦、兆豐、第一、台新四家本國金控公司和新加坡淡馬錫投資公司共計五位投標者的參與。

2005年7月22日投標結果揭曉，五家投標者中規模最小的台新金控出人意料之外地以總價365.68億元，高於底價四成之每股26.12元，擊敗原本呼聲最高的淡馬錫奪下這批彰銀特別股。台新金於10月繳清股款後，彰銀隨即在11月25日召開第二次臨時股東會改選董監事，由台新金取得彰銀過半數的8席董事及3席監察人⑧，依金控法第4條之控制性持股，彰銀成為台新金控的子公司，而彰銀的董事長也由台新金指派。

台新金主要的子公司──台新銀行是以消費金融為主，

當時在台灣約有101家分行，放款市占率3.16％。除了規模較
小，不論就資產品質或是逾放比都優於本國金融同業平均，在
加計以企業金融爲主的彰銀後，二者在國內放款和資產市占率
分別達到8.79％及8.26％，躍居台灣前五大金控。而台新金入
主彰銀後也確實積極提列壞帳，當年底即讓彰銀的逾放比降
至1.5％左右（見圖二）。

圖二　台新金與彰銀逾放比變化

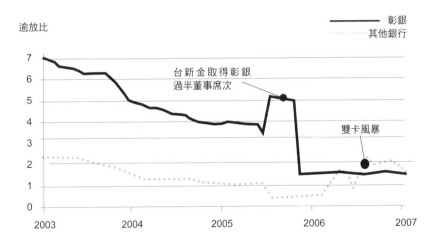

短小精悍的金控入主老大顢頇的銀行協助其改造，看起來
是個高互補的結合，可惜這是場一開始就不被祝福的婚姻。市
場首先質疑的是台新金這麼高的聘金從何而來？謎底揭曉，是

借來的！365億的股款中只有29億是台新金自有資金，其他都
是靠發行特別股、公司債和短期借款而來（詳表一）。台新金
以高槓桿取得經營權自然引發議論紛紛，不過這件事還沒了，
另一場風暴接踵而來。在台新金風光入主彰銀同時，信用卡及
現金卡的雙卡風暴逐步在台灣引爆⑨，幾家以消費金融為主的
銀行都因此要認列鉅額的壞帳，其中以中國信託和台新銀行二
家受傷最重。

表一 台新金取得彰銀特別股籌資明細

籌資工具	金額	主要投資人
丙種特別股	150億元	國營機構（24.67%）、壽險公司（58.72%）
次順位公司債	120億元	票券、證券、投信、壽險公司
短期借款	66.5億元	轉為次順位公司債
合計	336.5億元	

　　為了改善自身的財務結構，台新金董事會和臨時股東會
分別在2005年10月和12月通過發行350億元的私募，之後
分別自美商新橋資本（Newbridge Capital）、日本野村證券
（Nomura）和投資大亨索羅斯旗下的量子基金共募得310億元
（如表二）。台新金自身的財務問題看似得到化解，但無法化
解的卻是台新金與原彰銀經營層間愈來愈大的裂痕。

表二　台新金私募籌資明細

時間	金額	籌資工具	投資人
2006年3月	100億元	普通股	新橋80億元、野村20億元
2006年3月	140億元	丁種特別股	新橋120億元、野村20億元
2006年5月	70億元	可轉債	新橋70億元
合計	310億元		

　　如果你無法理解上述台新和彰銀的關係，就讓我用近年來流行的谷阿莫一分鐘方式把以上故事重講一次。從前從前有一個大戶人家家裡非常有錢，但是傳到後代，因為亂搞弄得家道中落，落魄的員外看看女兒姿色還不錯，就花了大筆銀子讓她學英文和美姿美儀，以為這樣就可以嫁洋人，晉身國際社會。沒想到老外到頭來嫌東又嫌西，員外不甘心女兒被賤嫁，於是改向國內大戶許親，自認以自己的條件至少可以嫁個門當戶對的大戶，沒想到最後殺出黑馬，反而被小弟給娶走了。嫁給小弟已經夠無奈了，沒想到小弟的聘金一大半是借來的，員外和小姐當然很不爽。本來還想小弟至少年輕有為，而且聘金也是幫自己償債就算了，更慘的是還沒過門，這時小弟自己的家族事業出事了，還要靠著再借一大筆錢才勉強過關，如果是妳，會不會想毀婚？

　　高價取得彰銀經營權後，台新金的認知是彰銀就是我的，而且二次金改的目的不就是為了減少金融機構？所以自然應該就像之前富邦金控和國泰金控一樣，先將彰銀併入台新金控，

再把彰銀和旗下的台新銀行併成一家銀行⑩，於是開始積極推動彰銀併入台新金控。不過雙方嫌隙未解，在2006年10月召開遴選二家銀行合併案的財務顧問時，彰銀董事會中台新金以外的7席官股與民股董事直接集體退席反對，雖然最終台新金因控制過半數董事優勢強行通過本案，但只是更加深雙方的對立。

經營權戰火再燃

　　除了民股董事的不合作，來自彰銀工會的強力抗爭也令台新金頭痛。~~工會看到了前面幾個合併案後老行員的下場，想到自己原本養尊處優的日子以後要變成民營金控那種績效至上，當然受不了。~~工會認為資歷淺的台新金以高槓桿舉債模式吃下百年老牌彰銀是不符合公平正義，於是以弊端為由找上立委陳情。當時正值二次金改不少爭議事件浮上檯面，針對金融合併，社會普遍有國有資產被賤賣、政策圖利財團的想法，~~基於只要是執政黨主張的我們都反對~~基於為國家把關，立法院財委會直接刪除財政部釋出彰銀持股預算，要求停止彰銀併入台新金。原本台新金期待可以承接彰銀官股部分頓成幻影。

　　有了立委當靠山外加支持率低迷的執政黨，一時之間整個局勢開始逆轉，財政部官員開始保持中立，解釋當初承諾給予經營權不等於同意合併，彰銀的民股董事與高層主管及工會當然更加強勢表示反對。但對台新金來說，頭都洗了一半當然只

能繼續洗下去，於是在2007年12月，台新金董事會先通過台新金對彰銀1.3：1換股的合併案，待彰銀董事會通過即可完成第一階段。

台新金之所以要急著合併彰銀，另一個沒說出口的主因還有2008年的總統大選，當時所有人都知道政黨將再次輪替，屆時一直被高度質疑的二次金改勢必會被拿出來檢討。因此台新金當然急著想把生米煮成熟飯，而反對派則是打著只要拖過總統大選，整個結果將會大不同的算盤，雙方於是開始展開爾虞我詐的攻防戰，民股反對一方先是在2007年底宣布更換董事，改由素有抗議天王之稱的邱立委以及另一位專精公司法的梁律師出任董事，台新金則是突襲在2008年1月召開臨時董事會討論合併案想用表決優勢過關。最後這場董事會在立委董事告民股董事、民股董事告立委董事的混亂場面下結束，自然合併案也就不了了之。

2008年總統大選結果揭曉，國民黨重返執政並拿下立院多數席次。一如預期二次金改被提出重新檢討，更慘的是台新併彰銀案被視為二次金改的「三大弊案」之一[11]被要求調查。本案最後在2014年7月由最高檢察署發文，台新金標得彰銀特別股案查無具體犯罪事實予以簽結而落幕，但新執政黨認定二次金改案為弊端和賤售國有資產的心態依然不變。為了減少來自財政部和民股董事的反對力量，2008年6月股東會前夕，台新金代表董事強勢提出董事席次縮減案，將原本的15席董事及5席監察人縮為9席董事及3席監察人，此舉再次引發公股與

工會的強烈反對，但仍敵不過彰銀董事會中台新金掌控席次的優勢而過關。而後 2008 年及 2011 年的二次董監事選舉，台新金都以 5 席董事 2 席監察人略略勝過財政部的 4 席董事及 1 席監察人，但對於彰銀併入台新金一事卻仍一直沒有進度。

　　轉眼又過了三年，2014 年又是彰銀董事選舉年的到來。依過去二次董監事選舉經驗，都是台新金和財政部事先協調席次分配後，再共同徵求委託書統一配票。但這一次一個制度上的改變卻意外成為雙方正式衝突的導火線，原因是為了推動台灣公司治理，金管會要求銀行必須成立由獨立董事主導的審計委員會取代傳統監察人，因此彰銀決議廢除監察人，而將原本 9 席董事改為 6 席一般董事和 3 席獨立董事。對台新金而言，過去 9 年都依「金控法」第 4 條指派彰銀過半董事，而將彰銀列為子公司並用權益法編列合併報表，如果失去此資格台新金將要認列鉅額損失⑫，因此對於彰銀董事指派席次的認定必須非常慎重。台新金的認知是 9 席董事要取得「一般董事」5 席才算過半，因此主張席次分配上，台新金 5 席一般董事無獨立董事，財政部 1 席一般董事和 3 席獨立董事。但財政部認為一般董事中台新金拿 5 席過高，更何況財政部不見得能控制獨立董事，萬一獨立董事倒向台新金，財政部豈不是二頭落空？因此財政部主張席次分配應該是台新金 4 席一般董事 1 席獨立董事，財政部 2 席一般董事 2 席獨立董事，席次認定問題可以待選舉確認後，再由台新金與彰銀向金管會申請「控制性持股」的解釋，化解台新金可能被認為彰銀控制董事未過半的問題。席次分配

問題經過五次的協商依然喬不攏，最後雙方正式撕破臉，決定各自徵求委託書在股東會上對決。

　　財政部和民營企業爭奪金融機構經營權這並不是第一回，上一次是 2007 年財政部為了開發金控經營權大戰中信辜家。在那一場戰役中，財政部由於作法保守及戰術老舊，結果大敗給辜家還被某作家嘲諷為「裁判居然輸給球員」。很明顯地，在這一次對台新金的彰銀之戰中，財政部記取教訓強捍了許多，除了傳統的要求公營事業加碼彰銀股票⑬及文宣戰外，擅長股權爭奪戰的梁懷信律師被找來幫財政部操盤。不久後，彰銀除台新金以外的前幾大民股以及三家主要委託書通路業者，此時都「很剛好的」被檢舉逃稅，財政部為了因應檢舉，「不得不盡忠職守」地對這些業者查稅，最後很「湊巧地」這些業者大都表態支持官股。此外，以往財政部只會透過台銀、合庫這些官股通路徵求委託書，這次神奇的是，基於「強化公司治理、善盡社會責任」，包含元大寶來證券、富邦證券等共 16 家券商這次都表態支持官股並代為徵求委託書。

　　2014 年 12 月 8 日彰銀董事選舉結果正式出爐，局勢完全逆轉。反而是財政部取得過半數的 4 席一般董事和 2 席獨立董事，台新金僅取得 2 席一般董事和 1 席獨立董事。台新金一直深怕的董事席次未過半的夢魘成真，也因此台新金需一次性認列約 148 億元的損失。痛失經營權的台新金認為財政部此舉違背當初台新金投標時政府支持其取得經營權的合約，一狀告上法院因而引發風波。

. . . .
結論

　　綜觀整起事件看似很複雜，但其實只是在爭議一個結果和
三個話題。一個結果就是，台新金最終在2014年失去了彰銀過
半董事，認為財政部違背了2005年招股時支持得標者的承諾，
因此告上法院。而三個引發討論的問題是：第一、台新金以高
槓桿借錢方式拿下彰銀經營權是否合理？特別是後來台新金特
別股的最主要認購者——新橋資本被發現其主要資金來源是借
自兆豐金控，拿公股的錢來買公股的這樣合理嗎？其次，台新
金認知是買下彰銀特別股後未來即可合併彰銀，因此才會出此
天價。但財政部的認知是承諾給予經營權不等於承諾合併，而
且就算承諾給予經營權亦不代表永遠都給予經營權。二者有如
此大的落差問題出在哪？最後，財政部裁判兼球員下，為了捍
衛政府利益，不惜動用裁判權勢影響市場機制，甚至破壞公平
競爭是否合理？

　　先不論個別問題的最佳答案到底應該是什麼，在閱讀本案
例的相關意見時，幾乎所有的專家都一面倒地支持台新金。理
由都是政府的政策不應該隨政黨輪替而改變，否則政府誠信會
大打折扣，影響未來廠商或是外資的投資意願。也有人以「如
果當初是淡馬錫得標，台灣政府還敢這麼搞嗎？」諷刺現任政
府只敢欺負自己人。事情真的只是這樣嗎？

　　由於歷史因素，台灣早期金融業及重要民生相關行業都屬
國營而後再逐步民營化，但由於民營化的過程中，政府往往又

留了一手，經常造成二個為人詬病的情況：一個是假民營真公營，也就是政府名義上的持股降至50%以下，但該企業董事長或總經理仍是由官派，甚至民意代表一樣可以透過對其上級長官的施壓進行關說。另一個就是球員兼裁判，特別是發生本案例中的經營權之爭時。裁判贏了，大家就批評勝之不武；如果輸了，大家反過來嘲弄裁判有這麼大權力還會輸，不是笨蛋就是故意放水，裁判怎麼作都不對。更進一步說，現在時空背景和過去深怕「共匪」擾亂金融，政府要牢牢掌握一切的年代已經不同，更況且彰銀在官股的經營下績效也沒有比較好，只是因為認定其中有弊，或是認為台新金不該以小吃大就大力反對，這的確不合理。

　　但反過來說，台新金就真的只是無辜的受害者嗎？可能也不盡然。從相關文件來看，在開標之前對於財政部公函的要求解釋以及財政部相關規則的釐清都是由淡馬錫提出，台新金並未提出任何相關的要求和意見。簡單地說，台新金就是一個高價搶標者，雖說這個競標本來就是價高者得，但問題是當台新金控決定出一個自己根本無力負荷的天價時，卻連最基本的問題「到底財政部是否同意彰銀未來併入得標者一事都未要求確認」，難道台新金高層沒有失職之嫌嗎？⑭

　　最後，這個案例大家都把焦點放在後續台新和財政部的攻防戰，卻沒想過之所以有這麼多爭議，是否在一開始的招標就出了問題呢？對比在此案之前的台北銀行招標案，找了財務顧問進行完整相關的前置作業規畫和後續的招標作業⑮。彰銀案

中財政部只想到價錢，卻未對彰銀員工權益或是未來規畫要求投標者提出說明，造成彰銀經營層和員工後續的反彈自然可想而知。反觀台新金控，只看到沒有標下彰銀將會錯失躋身金控前段班的門票，一廂情願地認為只要頭過身體就會過，或是別人都是這樣所以當然我也可以這樣，但結果卻是事與願違，最後拖累的是台新金所有的股東都因為高層決策錯誤跟著倒楣。針對本案，這應該是個財政部和台新金都該被打板子的案例。

✳ 公司治理意涵 ✳

✳ 建構帝國

　　台新金合併彰銀案本質上很近似同一時間明基購併德國西門子手機部門的案例⑯，都是經營者看到了一個認為機不可失、千載難逢的購併機會，卻輕忽了自身財務能力和購併本身潛在風險，最後反而把自己企業拖下水，小股東反而跟著受害。此為傳統公司治理中建構帝國（building empire）的範例。

　　從監察院的調查報告顯示，財政部相關人員指稱，在投標前淡馬錫都以不熟悉台灣環境為由，要求所提問題財政部都需以公函書面澄清，反映出的不正是外國金融機構對於購併的慎重。反思「熟悉台灣政治」的台新金，如果能在投標前，甚至是得標後，也能像淡馬錫一樣，要求財政部書面說明及承諾支

持得標者合併彰銀，或是對於經營權期限的承諾，是不是就會少了目前的各說各話。

✽ 政治風險與政策連貫性

由於招標文件規範的不明確，從字面上看，財政部爭辯之同意給予經營權並不代表同意合併，或是承諾給予經營權是一次性並非永久，並沒有違反合約精神~~（誰叫你台新金不要求澄清）~~。但平心而論，如果彰銀招標案提前 2〜3 年發生或是台灣 2008 年未發生政黨輪替，今天的結果是不是就有可能大不相同？台灣政黨輪替已成常態，如果同一件事因為政黨不同而有不同結果，就投資者而言當然不會是件好事，在未來面對類似政府招商案時，除了會影響投資意願外，這項風險也自然會反映在投標價格之中，這對台灣商業環境發展的確是不良的示範。

此外，在本案例中大家看到另一個政治力介入角色是立委。現行法律並沒有規定立委只能專職，事實上很多民意代表本身也是個成功的實業家，但更現實的情況是，立委挾預算之權往往讓主管的部會首長惟立委之命是從，或是更多的立委本身並無商業知識，往往只是憑輿論風向就要求主管機關介入企業運作，~~結果搞了半天，媒體老闆才是真正掌控這個國家的大~~，最後反而讓原本複雜的問題更加複雜化。以立委等同部長的薪水外加其餘助理費及額外補助，國家並沒有虧待立委，基於利益迴避，未來是否應限制立委擔任上市櫃公司董事實有待

商確。

✱ 台新金 vs. 財政部何者為是？

　　回顧本案例兩造的爭議，前期吵的是台新金能不能合併彰銀，後期吵的是財政部最後拿回彰銀過半董事席次，是否違反當初招標時承諾得標者取得經營權。就第一個問題來說，依台新金交付特偵組當初委由花旗所作評估報告，認為台新金若僅單純投資彰銀而無法與之合併，則彰銀特別股之認購價格應介於10.5元至14.9元間（中位數12.7元）；但若台新金控可於95年與彰銀100%換股並進行合併，則該認購價格應介於22.5元至25.9元之間（中位數24.2元），因此台新金主張就是因為認定會合併，才會出此高價。可是從事實面來看，~~你出高價背後的原因什麼，那是你家的事，~~在該次特別股發行前，財政部加計公有行庫持有彰銀不到20%，發行後被稀釋到低於15%，就算加計台新金轉換後的22.5%，也不到50%。財政部頂多只能答應支持，並無法承諾一定合併啊！更遑言招標文件上的確沒有支持合併的說明，這是否能解釋為這是台新金一廂情願的想法。

　　其次，財政部承諾的經營權到底是一次性還是永久性？任何的條約諦結本來有其當下的環境和背景，但除非條約或協定註明期限是永久，否則做為彰銀股東自然要依不同情況捍衛自身的最大利益，豈有永久條約之理。反過來說，如果當初財政部真的和台新金簽定了永遠支持台新金取得彰銀經營權，一旦政黨輪替後政策方向有所改變，前朝政府規定不反而綁死了

後面政府的施政？更何況財政部後來出具的公函主要是針對淡馬錫提出疑問的澄清，雖說所有投標者及最後得標者均一體適用，但把對別人的解釋認定為對自己永久有效，似乎過於牽強。

快問快答

　　台新金為什麼不直接再買 2.5%，使對彰銀總持股達 25%，直接符合金控法子公司的標準？

　　答：依「銀行法」第 25 條，同一人或關係人單獨或共同持有同一家銀行具有表決權的股份達10%、25% 及 50% 都需先向主管機關申請核准。違反者除了超過部分股權沒有投票權，主管機關也會限期要求處分超出的持股。

註釋

① 法院裁判費計算：

訴訟標的的金額或價額	裁判費	
10 萬元以下	統一價	1,000 元
10 萬至 100 萬元部分	依訴訟標的金額每萬元徵收	110 元
100 萬至 1,000 萬元部分		99 元
1,000 萬至 1 億元部分		88 元
1 億至 10 億元部分		77 元
逾 10 億元部分		66 元

② 台灣 1990 年代的金融開放，一般多只是著眼於 16 家新銀行的投入，事實上陸續開放的還包括票券金融公司、信用卡公司、證券金融公司、投資信託公司、工業銀行及放寬外資銀行來台設立據點，以及信託投資公司及信用合作社改制為商業銀行，這些對原有公屬銀行的傳統業務都是一大挑戰。

③ 在 1998 年爆發財務問題的公司包括東隆五金、新巨群集團（旗下有亞瑟、台芳和普大三家上市公司）、國揚建設和包括國產實業、國產汽車的國產集團，而後這場風暴一直往後延燒至東帝士集團、安鋒、廣三、台鳳、中興銀、長億、華隆、鴻禧，直到 2007 年的力霸集團。這些集團普遍現象就是利用複雜的政商關係向銀行超貸，公司資金往往被董事長挪用，以及高槓桿的財務操作。金融風暴時由於股價大跌，大老闆為了避免股票被斷頭，因此挪用公司資金去護盤，結果護盤失利公司也發生財務周轉不靈。

④ 銀行資本適足率（BIS）英文全名為 Bank of International Settlement Ratio，粗略計算為銀行自有資本除以其風險性資產的比率。BIS 愈高，在面對風險時，銀行能以自有資本因應的能力愈高。依我國銀行法，銀行的 BIS 必須在 8％以上，除了為保障銀行關係人外，某種程度也是要限制銀行持有過多的風險資產。

⑤ 金融六法為「行政院金融重建基金設置及管理條例」「存款保險條例部分條文修正」「營業稅法部分條文修正」「金融控股公司法」「票券金融管理法」與「保險法部分條文修正」之通稱。

⑥ 為了能順利釋股，這筆特別股有四項特色：（1）具有投票權、選舉及被選舉權；（2）以發行價格給予年息 1.8％利率，並可與普通股股利比較，二者較高者適用；（3）一年後可轉換為普通股，三年後強制轉換；（4）得標者可取得彰銀過半數董事及監察人席次。至於為什麼發行特別股而不直接發行普通股？由於彰銀引入新資金目的是為了強化資本，同時配合降低逾放比（提列壞帳）來提高資本適足率，但此舉勢必會降低銀行的盈餘，進而影響短期股價表現。然而這批特別股除了上述可領取股利且權利比照普通股的優勢外，由於這批特別股未上市交易，沒有市價，因此不用擔心彰銀股價下跌而須認列跌價損失。此外，由於是特別股，其受償順位高於普通股，因此只要彰銀帳上股東權益不低於得標金額加計之前彰銀其他特別股餘額，得標者即可以此為由不必認列長期投資的減損損失，用特別股

實為相當創新且聰明的作法。

⑦ 2004 年 10 月總統在與經濟幕僚開會後，宣布進行第二次金融改革（二次金改），並提出了四大目標分別為：（1）2005 年底前促成三家市占率達 10%以上的金融機構；（2）2005 年底前將公股金融機構由 12 家至少減為 6 家；（3）2006 年底前國內金控公司由 14 家整併為 7 家；（4）2006 年底前至少促成一家金融機構由外資經營或是在國外掛牌上市。

⑧ 彰銀當時共有 15 席董事及 5 席監察人。董事席次分配為台新金（8 席）、財政部（4 席）、前董事長張伯欣家族（2 席）及高雄陳田錨家族（1 席）。

⑨ 卡債風暴前因為台灣自 1997 年亞洲金融風暴後，企業借款與不動產貸款日漸下滑，銀行為了確保獲利開始轉向消費金融，大力推銷信用卡以及後來更寬鬆的現金卡。由於銀行競爭激烈於是發卡的條件愈發浮濫，也造成不少民眾以卡養卡的過度消費。2005 年 11 月底立委徐中雄會同「卡奴」控訴銀行收取過高費用與使用不當手段討債等，造成欠款人龐大負擔，引發社會大眾指責銀行業惟利是圖。而後金管會推出「債務協商機制」強迫銀行業者必須和雙卡債務人協商債務清償，自此引發銀行大筆的壞帳。

⑩ 台北富邦銀行是由富邦金控取得台北銀行控制權後合併而成，原台北銀行大股東——台北市政府也順勢成為富邦金控大股東。國泰金控旗下的國泰世華銀行亦相同，由國泰銀行（前第一信託）與世華銀行合併而成。此外，金控法或相關法令並無規定一家金控旗下不能有二個性質相同的金融機構，但在當時政策要求減少金融機構下，金管會的確會要求二個相同性質的子公司要合併。

⑪ 三大弊案分別中信金控欲插旗兆豐金控的「紅火案」、元大金控合併復華金控行賄案及本案例的台新金標購彰銀案。

⑫ 依「國際會計準則」第 27 號，當子公司脫離母公司當日（也就是母公司對子公司喪失控制權但仍保有重大影響），原母公司應視為對原子公司的投資關係結束，且新投資關係開始。因此台新金需以當天彰銀股票市價重新計算剩餘之投資，並將原始投資成本與剩餘投資價值之差異認列損失。此後台新金不再將彰銀列入合併報表，但仍可依權益法認列投資彰銀損益。

⑬ 在 2014 年增持彰銀股份且具公營色彩的機構包括台灣金控、兆豐金控、

第一金控、華南金控、合庫金控、台灣企銀、台灣菸酒公司、關貿網路、財金公司。推估官股持有彰銀股份近 20%。

⑭ 依財政部說法，當初和淡馬錫協商時，淡馬錫並未要求未來要將彰銀併入淡馬錫，因此招標文件說明的都是給予經營權以及未來財政部經立法院同意後會釋股，文件並未注明得標者可合併彰銀。

⑮ 台北銀行標售給富邦案台灣雖有不少人以弊案視之，但從過程與結果而言，都是台灣官股出售的最佳案例。相對於彰銀由財政部自辦以價高得者的決標方式，北銀案委由高盛（Goldman Sachs）作為財務顧問，採委員評選方式，並清楚定出保障股東權益、員工權益、銀行前景發展以及確保台北市政府參與四大方向作為標準。最後富邦拿下北銀後實力大增蟬聯多年金控股王，北市府由於是第二大股東除了資產市值大幅增加並每年可以領取高額股利。

⑯ 請參見先覺出版《公司的品格》個案 16〈帝國夢碎　股東買單——明基購併啟示錄〉。

經 典 案 例

第一金控發行 GDR 疑雲

　　就如同匯豐銀行（HSBC）是傳統香港人買股票首選，「三商銀」也是台灣早年不少人買股票的主要標的，甚至還鬧出過笑話，有些人聽說三商銀很穩，但怎麼也找不到一家叫「三商銀」的股票，最後去買了百貨業的「三商行」。所謂的三商銀是指第一銀行、彰化銀行和華南銀行這三家成立於日據時代，後來由台灣省政府接管的三家商業銀行，也有人稱為「省屬三行庫」。在台灣早期金融管制的年代，這三家是當時少數具有全台據點的商業銀行，由於近似寡占市場，因而累積了豐厚的資產和盈餘，成為當年直屬長官——台灣省政府最重要的金雞母。

　　身為金雞母，想當然爾，自然也是當時負責監督的省議員們覬覦的對象。因此，從放款、分行租賃、相關人事等，都有強烈的政治力介入關說。曾有一年某位省議員介入其中一家的年節禮品，結果放假前一天下班時，只見台北市重慶南路上，許多該行職員人手拿一個工具箱回家。

　　天底下當然沒有天天過年的好事。財政部在 1990 年開放銀行執照，同時核准了 16 家新銀行的成立，台灣的銀行業開始進入戰國時期。表一為 1990 年至 2001 年本國銀行家數之統計。接下來，台灣在 1997 年宣布自隔年起進行台灣省政府功能和組

織調整（俗稱「凍省」），同一年省議會通過，將第一銀行、華南銀行和彰化銀行三家省屬行庫民營化。不過所謂民營化也不過只是把官股比例降至五成以下，官股還是把持多數董事席次，董事長和總經理一樣官派，甚至不少省議員轉戰立法委員成功後，對三商銀的相關事務保持一樣的「關心」。

表一 本國銀行家數

年度	民營銀行	公營銀行	合計	分行
1990	11	13	24	3,488
1992	27	13	40	3,852
1994	29	13	42	4,410
1996	29	13	42	4,981
1997	34	13	47	5,181
1998	39	9	48	5,364
1999	47	5	52	5,531
2001	48	5	53	5,841

省政府時期規定省屬行庫每年有上繳法定盈餘的壓力，再加上官派的董事長及總經理不可能笨到把帳面弄得太難看，以免搞得自己很難看，因此長期以來三商銀都不敢過度打呆帳。1998年的本土型金融風暴成為壓倒三商銀的最後稻草，為了因應1997年的亞洲金融風暴政府下令官股銀行不得隨便對企業抽銀根，最後隨著不少本土高槓桿財團的接連破產，再加上新銀行的搶奪下，民營化後三商銀帳上都出現了高額的逾放比。

大象也想學跳舞

　　2000年台灣首次政黨輪替，同年10月第一銀行也迎來了前高雄銀行董事長陳建隆擔任第一銀行董事長。陳建隆上任後，施行美式鐵腕作法，一口氣調整了包括總經理及總行多數的主管，更資遣和優退了數百名員工，並大幅打消呆帳，首創台灣出售不良資產的範例。在2002年一年就出售不良資產503億元，一口氣把銀行逾放比從原先11.47％降至3.77％，這麼作當然不是沒有代價的，造成當年第一銀行巨幅虧損325億元。

　　為了彌補大幅打消呆帳造成適足資本率的不足以及改善銀行體質，2003年1月新成立的第一金融控股公司（簡稱「第一金控」）決定要發行約當10億普通股的全球存託憑證（Global Depository Receipts, 簡稱GDR），除了希望引進資金改善財務狀況外，也希望透過向海外發行，一方面提高銀行海外知名度，另一方面能引進國際策略投資夥伴，協助第一金控調整體質。

　　最後第一金控找上了德意志銀行（Deutsche Bank）和花旗環球證券（Citigroup Global Market）來共同承銷這筆10億股，預估金額為6億美元的GDR。並決定兵分二路，由第一金控總經理董瑞斌前往美國，第一銀行總經理蔡哲雄負責歐洲，預計在為期二週的法人說明會（Global Road Show）後，再協議訂價策略。然而就在2003年7月9日，代表團出發前一天，第一金控向證期局提出更換花旗環球，原因是花旗環球認為第一金控的基本面不佳，又缺乏國際知名度，而且同時間正逢國泰金

控亦計畫發行 GDR，將造成排擠效映，因此建議售價要以折價
30％發行，這個價格第一金控認為太低，最多只能折價 10％。
於是乎第一金控 GDR 承銷商只剩德意志銀行一家。

　　正當第一金進行全球法說會時，當時的陳水扁總統突然
在 7 月 16 日宣布，未來海外發行的 GDR 將不受三個月閉鎖期
限制，這項新政策當時普遍被認為是為了海外認購不佳的第
一金 GDR 解套，因此這個條款被稱「一銀條款」或「陳建隆
條款」。7 月 23 日第一金控完成 GDR 訂價，每一股 GDR 為約
當 20 股台灣第一金控普通股。每股發行價格為 10.3 美元。如
果以 7 月 23 日當天收盤每股 20 元計算，約當是 GDR 每股折價
11.4％。

　　沒有閉鎖期的限制，再加上折價 11.4％，這對許多金融市
場上虎視眈眈的鱷魚們其實只代表著二個字或五個字，「套
利」或「無風險套利」。果不其然，很快地德意志銀行宣布，
第一金控 GDR 得到市場熱烈搶購。認購量超過承銷量的二倍。
不但順利募得 5.15 億美元（約 177 億元），並成為台灣第一家
發行 GDR 的金控公司，第一金控 GDR 預定 7 月 28 日繳款，當
天在盧森堡交易所掛牌上市，並且同步開放贖回。

假外資，真套利？

　　接下來有趣的事情來了！ 執政黨宣稱的大勝利，在反對
黨立委緊盯下發現，這個「海外發行」的最大認購者居然是台
灣的元大京華證券（現為元大證券），一口氣買下發行量的

26%。明明是賣給外國人的GDR，為什麼國內集團反而變成最大買主？

　　另一件同樣有趣的事是，大家更進一步發現，當台灣政府7月16日宣布取消海外GDR三個月閉鎖期到完成訂價的7月23日四個交易日，台灣第一金控的融券（放空）增加了93,302張。而從訂價確立的7月23日到7月30日間融券再增加66,708張。二者加起來約計16萬張，而平均放空價為新台幣21.08元。如果用GDR訂價反推約每股新台幣17.72元來算，這16萬張（1億6千萬股）的獲利差不多為新台幣5.37億元。

圖一　德意志銀行與元大證券套利模式

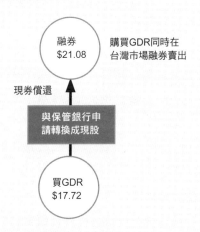

　　你或許好奇到底誰有這麼大的融券能力？答案當然就是德意志銀行。而本土券商中融券最多的是誰？不難猜，當然就是

元大京華證券。因此引發了「假外資，眞套利」的舞弊疑雲。詳圖一套利模式。

接下來被挖出來的事情愈來愈多，包括整個承銷案中保留10%的員工認股（相當於1億股第一金控普通股）。和GDR一樣，這些股票的認購價低於現貨價每股2.28元（20元和17.72元），其中有77%交由董事長陳建隆支配。換言之，陳建隆掌控了至少約1.7億元的利益。這筆利益是如何分配，外人不得而知。

整起事件最後因陳建隆董事長在「輿論批評」下被迫辭職而落幕。元大京華證券和德意志銀行則是在當時財政部長以「過程並未違法，但有瑕疵」定論下，並未受到任何處罰。

回顧整起第一金GDR疑雲，不管是否有舞弊和操弄，凸顯出的是台灣政治喜歡干預商業，甚至是凌駕於專業的問題：本故事的關鍵就在當時總統宣布廢除三個月閉鎖期限定，不論有沒有人爲操弄，總不禁讓人好奇，這種規定有必要由總統來出面宣布嗎？或者，是否可以合理懷疑，有人可以越過財政部長和金管會主委直接向總統報告而拍板定案？一個普通的商業行爲何需要如此高層級的政治力介入，最後造成不三不四的結果自然不讓人意外。

其次，探究整個第一金控（或第一銀行）的經歷，幾乎就是中鋼事件的翻版①，一個原本具有競爭力的企業，由於政治力介入的干擾與不停更換經理人②，因而偏離了應有專業的判斷與政策延續性，進而失去其長期競爭力，最後倒楣的還是企

業所屬員工和投資人。

美國前總統雷根有句名言：「政府不是解決問題的方法，政府本身就是問題的所在。」③台灣國營企業林立當然有其歷史背景，但從中鋼到第一金甚至是其他的中油、台電等國企企業的巨額虧損，再再都告訴大家過度外力介入企業經營不但得不到預期的好處，而企業本身最終也由於政治力的介入扭曲了其正常的營運，更遑言裡面還有一堆政治人物從中上下其手。特別是不少國營企業在台灣具有高度壟斷性，這意謂著如果這家企業出事了，影響的可能不只是股東或員工，而是全國人民要共同承受其苦果。

未來政府如何定位自己投資者與經營者的角色，讓國營企業回到企業獨立經營，這應該才是長久正確之道。

註釋

① 請參見先覺出版《公司的品格》個案 15〈政治利益與股東利益，孰者為重〉。

② 第一金控（第一銀行）自 1990 ～ 1998 年間共計更換 4 位董事長，除了短期代理的趙元旗外，其他三位董事長任內都以組織再造為名，對原有制度進行大幅翻修。由於經常新董事長上任即不認同上任董事長模式，重新再啟不同方式的組織再造，造成整個第一金控基層人員莫衷一是無所適從，每每上街頭抗爭，同時期也造成第一銀行業績成長低於同類型的華南銀行。

③ 原文為「Government is not the solution to our problem; government is the problem」。

個案 **11**
進軍國際的黃粱一夢
──歌林啓示錄

　　2008年9月10日，國內老牌家電公司──歌林公司，於公開資訊觀測站公告，由於公司無法於限期內申報2008年上半年度財務報告，於次日起被台灣證券交易所依規定暫停交易。

　　歌林公司的公告，其實並沒有引起市場太大的驚訝，因爲早在二個月前的7月8日，歌林公司即宣告其轉投資的美國新泰輝煌（Syntax Brillian Corp., SBC）已依美國破產法申請破產保護（Chapter 11 of the US Bankruptcy Code）時，市場早就有了心理準備。只是在當時市場原本認定，依公告數字，歌林公司僅需認列約1億4千4百萬元的投資虧損，這樣的金額對於資本額超過89億元的歌林公司，或許是個挫折，但還不至於到危及公司存亡的地步，所以應該只是暫停交易而不是被迫下市。因此市場還有不少人鼓吹「危機入市，逢低進場」。歌林總經理李敦仁在接受《商業周刊》專訪時，也控訴是遭到SBC設下陷阱，欺瞞董事會，才有如此下場。在社會輿論一陣嘆息本土品牌難以進軍國際宿命聲中，不料才沒過多久，歌林爲了申請

公司重整，必須把財務情況向市場公開之際，卻讓檢調單位赫然發現歌林公司資產早已被掏空近92億，董事長劉啓烈、副董事長高超群甚至棄保潛逃。這家曾伴隨多個台灣家庭走過45年歲月的家電品牌，就此邁入重整之路。

走出代工，進軍國際敲門磚

故事源起於2003年，當時一方面由於液晶面板廠商的大量投資，讓面板價格大幅下降，再加上多國政府宣布將在限期內停止類比（Analog）電視訊號的發送，全部改為數位訊號，造成了許多家庭紛紛把家裡的傳統映像管電視改換為新型的LCD TV（液晶電視）。此時，一位來自台灣的經理人李敬華（James Li），看上這項新興產品的龐大商機，他認為這個全新而龐大的市場將有助於新興品牌的建立，於是在加州成立了Syntax公司，決定結合台灣的製造力和新興的網路行銷手法，以網路無店鋪模式銷售低廉的LCD TV。

然而，初始的市場銷售數字並不如李敬華所預期，在原始資金即將耗盡之際，2004年3月原Syntax主要投資方——大億科技決定撤出，並通知李敬華在24小時內選擇解散公司，或另尋資金接手公司現有人員及設備。李敬華馬上打電話給曾在電腦展中結識的歌林副總高超群尋求投資可能。高超群認為機會難得，立即於歌林董事會中提出臨時動議。二個小時後，歌林決議以旗下百分之百持有子公司，也就是駿林科技名義投資

Syntax 3千8百萬元，並取得7%股權。Syntax 並於2005年12月購併在納斯達克交易所（Nasdaq）上櫃公司 Brillian Corp.，新公司更名為 Syntax-Brillian Corp.（SBC），經營形態也從網路銷售，改為以 Olevia 品牌開始打入美國各主要實體通路。

開啓希望之窗

進軍實體通路後，SBC 憑藉著低於當時一線品牌二至三成的價格優勢，再加上長達一年期的到府售後服務，很短的時間內銷貨快速成長，在2006年的下半年，Olevia 在美國市場成為僅次夏普（Sharp）、三星（Samsung）和飛利浦（Philips）的第四大品牌。

Olevia 品牌 LCD TV 的銷貨大增，除了帶動 SBC 股價節節高升之外，另一個最大的受惠者是遠在台灣為 Olevia 從事代工的歌林公司，營業額也隨之水漲船高，連帶股價也從最低的2.5元衝上五年來新高的19元。眾所皆知，台灣由於本地市場太小，因此往往只能憑藉著良好的製造技術和成本控制為國外品牌代工。在市場的不斷競爭與成本的壓縮下，最後的結果往往是外國品牌吃肉，而台灣代工廠只能喝湯啃骨頭。歌林和 SBC 的合作模式，則是歌林透過本身製造技術和低廉的成本，利用當時 LCD TV 新興起，市場上尚無絕對強勢品牌的前提下，以入股模式扶持一家小公司，透過低廉的價格來打開市場。毫無疑問，這樣的合作模式的確幫了當時受限於市場飽和且苦無出

路的台灣家電業，打開了一扇希望之窗。

隨著 Olevia 知名度的大增，許多通路商紛紛上門要求代售，SBC 的通路商從 2004 年的 18 家，到了 2005 年底高達 84 家。更多的通路代表著更多的出貨，也代表著 SBC 需要更多的資金，於是 2006 年 4 月和 9 月，歌林公司分別以每股 5 美元購入 300 萬股 SBC 股票，並同意五年內再以每股 5 美元購入額外的 75 萬股。二次增資，讓歌林對 SBC 的持股從原本 7% 提高到 12.5%。

2007 年，爲了配合 2008 年北京奧運的全面建設，SBC 正式進軍中國，同樣取得卓越的成果，成爲中國外商 LCD TV 第一品牌。

絢爛化爲幻影

就在一切近乎完美之際，眞正的危機卻是悄悄而來。首先，占 SBC 中國銷售額達八成的最大經銷商南中國科技貿易公司（SCHOT）以大量退貨爲由，扣住對 SBC 應付款項，造成 SBC 財務上流動性出現問題。在 2007 年 9 月，由於 SBC 無法按時提出財務報表，股價出現重挫。不久後，財務長無預警宣布離職，一連串壞消息造成銀行開始對 SBC 進行資金緊縮，讓 SBC 的財務狀況更是雪上加霜。對此，SBC 分別於 2007 年 8 月由台灣東元電機入股 2,000 萬美元取得 3.26% 股權，以及於 2007 年 10 月向私募基金 Sliver Point Capital 取得 1 億 5 千萬美元

的借款，借款利率高達 11％ 暫時化解燃眉之急。

　　2008 年，由於油價的高漲排擠消費端的需求，一線品牌大廠紛紛降價爭取市場，造成一線與二線品牌間價差大幅縮減，再加上北美主要通路商如百思買（BestBuy）等多半提供 60 至 90 天免費退貨服務，在 LCD TV 世代快速變化下，電視螢幕不斷加大，但新機型價格和舊型相去不多下，購買者紛紛利用退貨政策來更換更大尺寸的機型，在二造交相夾擊下，對於財務上原本剛獲喘息 SBC，造成了最後致命的一擊。

　　2008 年 2 月，SBC 再次無法依規定呈交財務報表，四月底二位副執行長辭職，五月底二位董事請辭，包括歌林公司代表董事劉啓烈，六月執行長李敬華請辭，七月份 SBC 正式申請破產重整，一度絢爛的彩虹就此成為幻影，而遠在台灣的歌林也因為對於 SBC 應收帳款過高無法收回，連帶被拖下水。

檢調疑假帳掏空

　　在歌林公司申請重整之際，經檢察官調查後發現，早在 2004 到 2005 年間開始，由於歌林公司營運下滑，為避免銀行收縮資金，管理階層便指使財務部門虛增股票收益及透過存貨數字調整創造虛假盈餘數字。在投資 SBC 之後，仍如法炮製，一方面製造灌水財務報表向海外發行 50 億元公司債，及向中華開發工業銀行等銀行團取得 25 億元融資；另一方面，透過 SBC 中國投資，與香港南中國公司負責人陳漢榮勾結，把

對SBC等公司收得的帳款約80億3千餘萬元，以代收代付款等名義轉匯海外南中國等公司帳戶，合計削走歌林公司約92億元的帳款。依此，檢察官最後以違反證券交易法、銀行法、洗錢防制法和詐欺等罪名起訴歌林董事長劉啓烈、前董事長高超群、財務長朱泰陽以及SBC負責人李敬華等人。

結論

　　一個老牌企業——歌林的衰敗故事看似令人唏噓，但探究其中，其實就是台灣早期企業在缺乏監督制度下標準的造假和掏空模式。董事會成員包括監察人全數由家族人士擔任；董事會成員同時也是公司重要執行幹部（總經理、副總經理）；最後，同一批人也掌控了公司財會稽核和外部會計師和任免和獎酬之權力。從一方面來看，全部權力集中在同一批人手中，在指揮公司自然如能使一臂而有效率；但從另一面來看，絕對的權力缺乏適當的監督力量，自然容易使人腐化。歌林的董事會就是在這種缺乏監督的制衡下，為擔心銀行緊縮銀根，才能鋌而走險製作虛而不實的財務報表，最終洞愈補愈大以致補不下去時，一個老牌企業就此隕落。

　　歌林公司對投資人的另一個啓示是，近年來由於全球化和國際化的布局，不少本國企業紛紛在海外成立子公司，甚至孫公司或孫孫公司，財務的複雜度往往讓外部人員在稽查公司真實財務狀況時困難重重，也讓經營者有許多上下其手，挖東牆

補西牆的機會。也正因為如此，相對而言，經營者本身的品德操守也就相形更加重要，因為一旦經營者失去誠信，所有財務上亮麗的數字都可能只是幻影。

　　從公司治理的角度來說，公司的治理自然不能只依賴經營者的自由心證，透過獨立外部董事的引入，提高董事會決策透明度，加強對簽證會計師權責的要求，或許才是創造股東和經營者雙贏的勝利之道。

✳ 公司治理意涵 ✳

✳ 外部／獨立董事存在的重要性

　　歌林公司是傳統的家族企業，一向由李、劉二大家族輪流擔任董事長和總經理，董事會成員也多由家族內成員擔任。這樣的模式從正面思考，董事會成員較有默契，亦可以相互監督，但從另一方面來看，卻也可能形成控制股東的聯合壟斷。在無外部董事或獨立董事監督下，只要雙方達成共識，即可利益輸送（tunneling）或操縱盈餘等方式圖利私己。

　　再者，這類家族董事會常衍生的另一種情況為，董事會提案與決議多傾向以「人和」為重要的考量，反而常缺乏決策應有的專業評估。以本案例歌林董事會從知曉 Syntax 投資案到表決通過僅以不到一天時間，很難讓人懷疑董事會成員究竟有沒有足夠的數據和時間進行評估？

　　針對以上，要解決這樣問題最好的方法，就是適度引進獨立董事制度制衡內部董事，並透過其獨立公正立場能在公司重大投資案中提供適切意見。對投資人而言，最好還能由獨立董事組成審計委員會來負責公司相關財會稽核人員及會計師的任免和獎酬，以提高公司財務報表的可信度。

✱ 公司內部控制缺失與會計師責任

　　自 2006 年起，SBC 即逐步爲歌林公司最大客戶，在 2007 年歌林全年營收中，對 SBC 銷貨占總營收高達 66.44%，約爲 140 億元。訂單的過度集中，自然使二者形成命運共同體，而當 2007 年下半年 SBC 陸續出現大量退貨，財務長離職等消息，歌林不但沒有緊縮出貨或要求 SBC 改變付款方式，反而加快出貨，讓對 SBC 的應收帳款從第二季底的 69 億 9 千萬元，到了第三季底達到 81 億元，更在第四季底躍至 107 億元，最終造成 SBC 拖垮歌林。

　　會有這樣的情形發生，很有可能是歌林高層明知 SBC 可能有問題，但爲求自家財務報表數字的好看，還不惜塞貨給 SBC，最後才會造成無可挽回的局面。這個情況也凸顯出歌林公司不只內部控制的制度未能有效執行，就連監督機制並沒有發揮功能。

　　另一方面，依檢察官起訴書，歌林公司早自 2004 年起即開始長達近四年的時間以灌水財務報表欺騙投資人。雖說公司高層共謀的舞弊不一定會計師都能查得出來，但在執行適當查

核程序下，透過專業判斷及對受查公司其經營環境及產業的經驗，簽證會計師運用應能辨認此重大財報不實的異狀，但很明顯地在歌林案中會計師並未能發揮其預期功能。

✸ 更換簽證會計師警訊

　　歌林公司於 2008 年 7 月 8 日以原簽證會計師事務所組織調整、人力短缺，無法配合公司國際化及未來營運發展為由，宣布更換簽證會計師，之後不過三個月即爆發公司下市及掏空事件。誠如許多爆發財務危機或掏空的地雷公司般，臨時更動長期簽證會計師，通常代表其會計師可能在財報簽證過程中遭到客戶壓力，包括公司無法配合查核或不願接受查核意見，導致無法維持委任關係。對於公司利害關係人而言，公司更換簽證會計師，往往也是公司營運危機的一大警訊。

鄉 民 提 問

企業常見的美化財報手法──損益表篇

三炮，記住，福和橋才是主戰場！

　　相較資產負債表只有靜態地表達公司在特定某一天帳面的財務狀況，更多公司關係人關注的是表現公司在一段期間內營運績效的損益表。不少投資人甚至只是看看公司公告的每股盈餘（EPS）、營收及獲利成長（衰退）率以及媒體報導的公司及產業前景展望，就可以決定要不要買進（賣出）一家公司股票，也因爲如此，損益表更是許多公司要精心美化的標的。

✳ 綜合損益表（Statement of Comprehensive Income）

　　綜合損益表是表達公司在特定期間內銷售、成本、費用及獲利情況的報表，簡易的綜合損益表如下圖一所示。簡單地說損益表分爲四層，第一層是公司的營業收入（營收）扣除掉營業成本等於營業毛利。第二層由營業毛利扣除公司相關的營運費用（主要就是大家熟悉的管銷成本）後得出營業利益。接下來，營業利益再加上（扣除）業外收益（損失）後就是稅前淨利，稅前淨利再減掉公司所得稅後就是「理論上」公司眞正賺的錢，稱爲公司純益或稅後淨利。最後一層稱爲當期其他綜合損益，台灣採用「國際財務報導準則」（IFRS）後，爲了避免

投資人因過分重視淨利數字而忽略其他造成權益變動的交易或事項，因而將資產負債表之未實現持有損益列為綜合損益的一部分①。

很多人認為公司必然會透過各種財報美化的手法把公司獲利拉高，其實並不全然如此。當期獲利高代表著公司要繳的稅也高，以及下一期要維持成長的壓力也愈大，因此除了少數刻意要炒作股價或掩蓋掏空的公司外，多數公司會採取像大禹治水的模式廣建滯洪池，洪水時就把水引到滯洪池存起來，旱災時再放水以確保水流的「平穩」（Smoothing）。此外，相較於資產負債表僅僅呈現公司某一天的資產及負債情況，雖然損益表呈現的是一整個營運週期的情況，但別忘了週期一樣有起始和截止日，不少操作手法也就在不同週期內作轉移調度。

營業收入（營收）：這是指公司透過銷售貨品或提供服務所取得的收入，不難理解，一家公司營業收入高代表這家公司規模大，而且只要公司淨利率不是負數，也代表著公司賺的錢也會愈多，就因為大家都這麼想，因此不少公司致力於「創造營收」。常見公司虛增營業收入的手法有：

1.塞貨：透過銷貨折扣或其他優惠塞貨給經銷商，讓本期報表好看。只是這類銷售造成的反效果就是下個週期後公司帳面通常會出現大量退貨，也有公司為了避免經銷商退貨，只好再推更優惠方案，最後待公司撐不住了或更換經營層時，再一口氣大幅認列銷貨退回或折讓。其他類似的手法還包括：

（1）調高售價：向經銷商協商調高售價，待下期再以佣金回補差額。

圖一　綜合損益表

XXX 公司
綜合損益表
105 年 1 月 1 日至 12 月 31 日

第一層	營業收入		XXX
	營業成本		XXX
	營業毛利		XXX
第二層	營業費用		
	推銷費用	XXX	
	管理費用	XXX	
	研發費用	XXX	
	其他費用	XXX	（XXX）
	其他收益及費損淨額		XXX
	營業利益		XXX
第三層	營業外收入及支出		
	其他收入	XXX	
	其他利益及損失	XXX	
	財務成本	XXX	
	採用權益法之關連企業及合資損益之份額	XXX	XXX
	稅前淨利		XXX
	所得稅費用		（XXX）
	繼續營業單位本期淨利		XXX
	停業單位損失		XXX
第四層	**本期淨利**		XXX
	其他綜合損益		XXX
	本期綜合損益總額		XXX

　　（2）售後購回：公司與經銷商約定出售之貨品將於未來依約定價格買回。這種模式會計上其實應視爲借款融資負債，不得認列銷貨。

　　2. 提前（延後）收益認列時點：公司多數收益認列都是以開立發票時間爲基準，公司可以透過與交易對手協商方式讓發票日期提前或延後至下一個週期。

　　3. 安排假交易：這是指公司或關係人成立紙上空頭公司，再製造假交易幫公司美化營收，這類公司結局多半是直接宣布破產，讓銷售公司一次認列大筆呆帳。類似的手法也由海外子公司來擔任訂貨的角色，把公司庫存銷往海外。

　　4. 過水交易：所謂過水交易就是原本 A 出貨給 B 銷售額是1000 萬，毛利是 150 萬，這時 C 摻進來，變成 A 賣給 C，C 再賣給 B，這樣一來，A 和 C 帳上都可以認列 1000 萬的營收，甚至經常涉入交易的不只 C，還有 D、E、F、G 等，結果大家都可以認列這筆銷貨收入。過水交易的產生除了一般人預期的公司想拉高營收讓帳面好看，或是因應公司新掛牌上市想拉高股價外，另一個常見的原因是公司接獲大訂單但財力不足，因此由財力雄厚但業績缺乏成長性的公司或大型同業公司出面接單再轉包，這種手法亦有人稱爲「假銷貨，眞融資」。

　　5. 關係人交易：這類交易主要出現在有多家公司或具上下游整合的集團公司，也有人稱爲集團作帳，也是透過財務計算，將資源（營收、獲利，甚至是損失）分配（或集中）到各公司，達到集團（或老闆個人）利益的最大化。

6.美化子公司財報：現行財務報表是以合併財務報表爲主要報表，因此子公司各項數字會被併入母公司財報中一併顯示。但多數關係人不見得能分辨或關注公司公布營收來自母子公司各自的數字和比例，再加上作爲上市櫃的母公司往往要受到的監理較爲嚴格，因此不少公司反而把美化工作加諸在子公司帳面上，再透過合併報表反映在母公司帳上。

7.外包加工視爲銷貨再購回：也就是公司把半成品或原料「賣給」委外加工廠，完工後再「買回」創造虛幻營收。

8.會計科目歸類錯誤：例如錯誤地把代收款、訂金和保證金等納入公司營收，將寄銷和代銷列爲銷售收入、將銷貨退回改記爲購入固定資產等。

9.其他：如提前認列未來營收、刻意隱匿銷貨退回等。

營業成本與營業毛利：營業成本是指公司爲了生產或銷售購入的商品或提供服務所產生的成本，在買賣業與製造業中，主要是銷貨成本（製造成本）；在服務業，主要營業成本爲勞務成本。如前所述，公司營業收入減掉營業成本就等於營業毛利，也有人把營業毛利除以營業收入後得出營業毛利率。營業毛利除了會影響公司最後損益數字外，最重要的是不少人喜歡把營業毛利率視爲一家公司產品是否具有競爭力的指標，認爲毛利率高代表公司產品有競爭力，因此公司自然就會想辦法拉高營業毛利率來迎合市場，常見手法包括：

1. 會計科目歸類錯誤：例如將與產品製造相關的人事、水

電費用等歸類至管銷費用科目下，或是將少量生產的製造成本改列研發費用等。

2. 透過其他帳外支付補貼來壓低公司帳面購料成本，大股東再由股價上漲中賺取利潤。

3. 操控存貨成本：指派或分攤較高的製造成本到前期已銷售之貨品，而讓本期銷貨成本下降。

4. 銷售無形資產或提供服務：這是指公司出售專利、智慧財產權（特許權），或是提供顧問、技術指導、人力派遣等服務收入。這類「產品」特色除了很難釐清價格是否合理以及毛利高之外，相較於商品的銷售牽涉到製造、庫存、買賣一連串的流程（當然背後也都有相對的會計憑證），無形產品銷售的交易流程相對很簡單，自然成為公司調節營收和毛利的利器。

營業費用：因商品銷售與服務提供而發生之支出，主要包括公司水電、租金、一般員工薪水等的管理費用，以及和銷售相關的如業務員薪水、廣告、運費等的銷售費用（這二者合起來常被稱為「管銷費用」）。管銷費用有相當大部分代表著公司每個月固定要支出的費用，因此也常被視為公司高層管理能力的指標，當公司績效不佳或是更換新經營層，想要快速提升績效時，通常第一個要砍的就是營業費用。

1. 薪資費用：除了少數高資本投資的公司外，薪資費用幾乎都是一家公司最大的費用，當然也是被努力降低的目標。台灣最常見的就是把政府給予員工每個月 2,400 元上限免稅的伙

食費直接當作員工薪資一部分；至於科技業則是常透過員工分紅來壓低正常薪資②；其他的方法包括使用派遣人力、把員工薪資掛在子公司等。

2. 費用資本化：例如將維修費用視爲延長資產壽命而資本化，可以將維修費用遞延至耐用年限分年認列，或是將研發費用不當認列爲資產分期攤銷。

3. 低列折舊費用：常見手法包括高估資產殘值和延長資產使用年限。

4. 遞延費用：將獎金或是佣金遞延至下一期再入帳。

營業外收入與支出：顧名思義，這是指和公司正常營業無關的收入和支出，這類收支多半都是非持續性發生或不常發生，但由於位處於損益表的最後一段，自然也就是調節報表的最後手段。營業外收入最常見的就是處分資產，特別是大額的不動產、股權或設備，這些處分往往可以帶來龐大的收益，也就順勢將公司原本利空（多）的財報完整逆轉。

其他一隱匿重要事項：現代資訊過多，因此關係人常忽略非標準化的資訊，特別是公司有可能發生、也有可能不發生的「負債準備」（provision）及「或有事項」，包括重大訴訟、可能處罰（款）、補稅等，這些事項依發生的可能性，被公司認列爲損失、揭露於附註事項，亦有可能被公司隱匿不報。關係人往往待事情發生了才驚覺自己忽略這項意外。

最後，思考造成台灣上市櫃公司普遍美化財報的原因，除了公司為迎合市場需求進行調整外，另一個主因當然是財報使用者過度執著於真相，以致自己眼睛業障重而不自知，當然是台灣公司制度給予主事者過大的權力以及缺乏相對有效監督的環境所致。如果我們不從制度面根本解決問題，下次打開財報時，大家可能只好依上人的指示去旁邊打坐唸「阿彌陀佛」了！

註釋

① 根據「國際財務報導準則」，會計損益在財務資本維持觀念下，當期末淨資產（權益）超過期初淨資產時，始賺得淨利。換言之，綜合損益是指某一期間內排除權益投資人新投入與分配之影響後的權益變動。

綜合損益總額 = 期末權益 － 期初權益 ＋ 分配股東 － 股東投入

= 損益 ＋ 綜合損益總額

所謂當期其他綜合損益包括以下項目：資產重估增值（國內現行不允許採用重估價模式）、國外分公司財報換算之兌換差額、備供出售投資之未實現評價損益、現金流量避險工具損益、確定福利計畫精算損益。

② 請參見本書個案 13〈限制型股票是激勵員工，還是另類高層自肥？〉。

個案 **12**

你好胖，我好怕！
——基因國際的現代金錢啓示錄

　　2013年8月網路上的一篇文章〈嚴重譴責香精麵包「胖達人手感烘焙」〉，意外挑起了台灣的食安風暴。作者是住在香港的古箏演奏家李冠集（Keith），和很多香港人一樣，他被當年6月在香港旺角新開張，排隊人潮絡繹不絕的這間來自台灣且標榜天然健康的高檔麵包店胖達人①吸引而成爲顧客。之後，他對這濃郁且果香味久久不散的麵包感到好奇，嘗試各種方法想複製都失敗，直到最後使用人工香精才成功。因此，他向胖達人旺角店經理求證是否添加香精並獲得證實後，憤慨地在部落格中寫下這篇文章，意外引爆這個「不能說的秘密」。

　　拜網路力量所賜，8月17日在部落格發文後，一天之內就吸引超過20萬人次瀏覽，當然也包括台灣的讀者，台灣媒體從8月20日開始陸續刊載相關報導。在輿論壓力下，胖達人所屬的生技達人股份有限公司（簡稱「生技達人」）在8月21日先是發表聲明「未添加任何人工香精」，同一天又將聲明改爲未添加任何「工業用」人工香精，並揚言要控告李冠集和網路轉

載香精文的網友，此舉當然引發更大的反彈與網路論戰。不久後，台北市及新北市衛生局分別在胖達人店中查出人工香料庫存及進貨紀錄，而針對「天然醱酵」的宣傳，胖達人也拿不出證明或是相關醱酵過程的品管紀錄。最後前董事長莊鴻銘在偵訊時終於坦誠，胖達人麵包從一開始就是添加人工香精，本案正式轉向詐欺。

食安事件牽扯內線交易

　　整起事件看似只是單純的食安問題，但一波未平另一波又起，就在事件爆發幾天後，某財經人士在臉書上貼文表示早在胖達人出事前，母公司上櫃的基因國際生醫股份有限公司（簡稱「基因國際」）股價就已先行大跌，並以基因國際這家公司過去的借殼歷史及後續股價表現，認為知道內幕的人早就先跑了。自此輿論的焦點從食品安全開始轉向人為操弄股價與內線交易，基因國際董座徐洵平和他的「好朋友們」也因此浮上檯面。

　　基因國際前身為上櫃公司亞全科技。該公司成立於1994年主要從事IC設計，在2006年曾因接獲大訂單，股價在半年內由2元狂飆到180元。而後在2008年初又暴跌到21.55元，2009年由於跳票股價再次跌到1.99元，被迫改列為管理股票並更名為達鈺半導體。

　　2010年11月，透過二次的減資與三次的私募②，原本近

乎僵屍的達鈺半導體由從事生醫美容的徐洵平家族及旗下企業
正式入主，並再次更名爲基因國際。取得經營權後，徐洵平以
基因國際董事長名義與自己旗下從事美容整形相關事業，如韓
風整型外科診所、戴爾牙醫聯盟、薇閣坐月子中心及化妝品品
牌 dr.DNA 等簽定供貨、租賃與服務合約，變相將原本自己旗
下企業的部分業績灌到基因國際。此舉當然讓基因國際如枯木
回春般，讓營收成長有了驚人的表現（如圖一）。也因此得以
在 2011 年 12 月重回櫃檯交易市場掛牌，並進一步帶動股價的高
飛。

圖一 基因國際營收表現

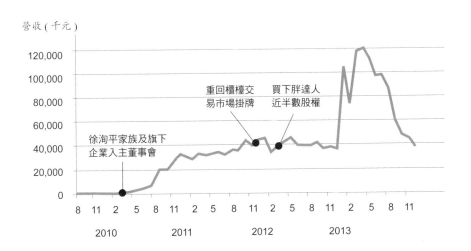

　　此一手法如同當年侯西峰入主國揚實業後，拉抬買殼公司股價模式③，巧妙地把原本只是營運賺得的利潤轉化成股票增值的財富，徐洵平家族身價自然因此水漲船高，而經過移花接木的手術後，基因國際也從原本冰冷的半導體轉歸類為炙手可熱的生技股。

生技公司轉型賣麵包

　　徐洵平的發跡過程本身就是個傳奇，高職畢業後擺過路邊攤，也開過計程車，雖不懂生技更不懂得作麵包，卻擅長行銷。靠房地產賺進第一桶金後，投入台灣新興的醫美微整形市場，靠著重金禮聘整形醫生和請明星站台加持的行銷手法，在西門町投資成立的韓風整型外科診所一炮而紅，之後再將同一套模式複製到其他事業體之中而成為醫美大亨。由於常與藝人明星互動，徐洵平透過藝人徐熙娣（小S）結識她的公公，被封為「台灣巴菲特」的許慶祥。當時台股最流行的是餐飲類股，幾家新上市公司如F-美食（85度C）、安心食品（摩斯漢堡）、王品股價都在4～500元間。許慶祥認為具有高現金流的連鎖型餐飲會是未來兩岸三地的主流，這對當時正為台灣醫美市場競爭日趨激烈，毛利逐漸下滑而憂心的徐洵平找到了一個新的方向。

　　徐洵平看上的是台灣當時最「夯」的麵包店——胖達人。

胖達人由莊鴻銘與蔡昆成於 2010 年底成立，由於其「濃郁」香氣與口感很快在台灣引發旋風，一年半內開了五家分店。2012 年，基因國際成功以 1,500 萬元拿下胖達人所屬公司 50% 股權，更名爲生技達人，並取得 5 席董事其中 3 席，董事長仍由原任的莊鴻銘續任。成功拿下胖達人經營權之後，徐洵平再次複製過去成功的行銷手法，除了強調天然醱酵，胖達人開始以近乎一個月開一家店的模式瘋狂展店，並利用新店開張找來連勝文、徐熙娣、蕭薔等名人站台，此舉果然再次打響胖達人的知名度。全盛時期胖達人共有台灣 15 家，香港及上海共 3 家分店。以 2013 年上半年來看，生技達人（胖達人）1 至 6 月單月營收占基因國際合併營收 53～70% 不等，貢獻基因國際上半年獲利 47%④，除了稱得上是基因國際的金雞母外，也讓人不免好奇爲何一家生技公司反而是麵包占營收大宗？⑤

醉心資本金錢遊戲

　　檯面上有胖達人營收的高成長，但另一頭是檯面下資本的合作。從 2012 年基因國際年報持股前十名股東名冊中，不少股市大戶的蹤影悄悄現身（如表一）。

表一 2012年基因國際持股前十名股東

姓名	持股（%）	備註
姜麗芬	33.50	徐洵平妻子
徐洵平	19.64	基因國際董事長
韓星（股）公司	17.97	徐洵平、姜麗芬投資
徐勝男	6.18	徐洵平父親
許雅鈞	1.91	藝人小S老公
于仲淵	1.90	股市大戶，帝寶住戶
林保田	1.90	股市大戶，帝寶住戶
成昌投資	1.18	龍巖董事長李世聰投資
潘俊佑	1.16	-
劉學濂	1.12	-

　　兩相結合之下，基因國際股價再次爆發性上漲，從2012年8月24日的每股59.2元一路漲到2013年3月25日的212元，但自此之後，股價卻又像溜滑梯般緩步下滑（見圖二），不免讓人有人為操控的疑慮，特別是基因國際監察人姜麗芬（徐洵平妻子）從2013年5月起，逐月大量申報轉讓持股，截至8月份共賣出155萬股（如表二），更讓人質疑是否有內線交易的可能？

圖二　基因國際股價表現

表二　姜麗芬2013年申報轉讓持股

單位：千股

申報日	申報股數	申報時股價（元）	實際轉讓股數
5月23日	500	160.0	500
6月5日	850	143.0	645
7月9日	200	124.0	200
8月2日	1,000	125.5	200

　　本案經檢調單位介入調查後，認為徐洵平與姜麗芬夫婦，以及許慶祥與許雅鈞（小S老公）父子於基因國際的二個時間點涉及內線交易，而於2014年1月予以起訴。第一個時間點

是基因國際財務長設定了一個稱為「營業額回報」的 Line 群組，固定在群組中向上述大股東回報胖達人每日營業額，並在 7 月 23 日提供生技達人 6 月份的「部門別綜合損益表」及「多期比較綜合損益表」等資料。當中數據表示生技達人 6 月份將出現虧損 25 萬餘元。當天許慶祥並以電話與財務長確認數字後⑥，分別於當日及 29 日「湊巧地」共計賣出 10 萬 5 千股基因國際股票。許雅鈞在 7 月 20 日至 8 月 6 日期間攜妻女在美國渡假，也很「碰巧地」特別透過手機漫遊下單，自 7 月 24 日起至 8 月 16 日出清 31 萬 3 千股的全部持股。至於徐洵平，由於當時在中國大陸出差，7 月 29 日才得知相關消息，偏偏妻子姜麗芬「剛好地」自 8 月 1 日至 8 月 9 日共出脫 23 萬 7 千股的持股。檢察官認為有規避損失之嫌予以起訴。

第二個時間點為同年 8 月間，徐洵平因見生技達人 5 至 7 月營收下滑，但相關費用未有效控制，再加上進軍大陸市場與原董事長莊鴻銘意見不合，因此意圖逼退莊鴻銘由自己接任董事長，許慶祥在相關過程中均參與討論。生技達人預定在 8 月 19 日下午召開臨時董事會，決定莊鴻銘請辭並由徐洵平接任董事長，當天早上姜麗芬出脫 5 萬股基因國際股票，許慶祥則是賣出 11 萬股。檢察官認為生技達人屬於基因國際重要子公司，重要人事異動必然影響股價，因此徐姜許三人有因知悉內線消息而規避損失之嫌。

本案於 2015 年 8 月 28 日一審宣判，針對上述第一項，法官認為生技達人 2014 年 6 月虧損 25 萬元之事後來與事實不符⑦，

而且胖達人 5 至 7 月業績下滑屬於季節因素及受當時毒澱粉事件影響，不屬於重大消息成立要件，因此該項不成立，四位被告均無罪。至於第二項內線交易罪名則是成立，但姜麗芬在賣出 5 萬股後，由財務長告知公司將發布重大訊息會有內線交易問題，於是當日由券商予以沖銷，獲利僅 1 萬餘元，且徐姜二人犯後配合認罪，因此判處緩刑並接受 20 小時法治教育。至於許慶祥，由於處分股數及比例均較徐姜來得多，且原本偵訊坦承，可是在法院審訊時又否認犯罪，法官認其無悔意判處二年。本案目前仍在二審上訴中。

結論

　　在前著《公司的品格》中，已分別討論過「借殼上市」與「內線交易」這二個議題。之所以再將基因國際選入探討，不單因爲整起事件在當時鬧得很大，而是其操作模式如同台灣借殼上市再進化的3.0版。

　　回顧台灣借殼上市史，最早的1.0版模式是買下一家空殼或經營不善上市櫃公司後，先拉抬一波股價，再利用上市櫃公司可以向大眾現金增資的特性，先向銀行大額借款或多次現金增資後，把錢挪進自己口袋，接下來再逐步掏空公司資產，最後留一個空殼給銀行和股東承受。然而在 1995 年漢陽建設的侯西峰入主上市的國揚實業則開啓了台灣借殼上市 2.0 版。侯西峰不但沒有掏空國揚建設，而是反向地將原本賺錢的企業業

績灌入借殼的上市公司之中，透過轉虧為盈的題材拉動股價上漲，進而增加自己的財富。這樣的模式既合法又受政府和市場肯定，而且往往賺得更多，此後台灣多數借殼者大都仿效此一手法。

　　但從基因國際來看，這個手法又更進一步地演化，因為徐洵平不只是把自己旗下企業的營收灌進來，甚至是把所控制的上櫃公司當作一個平台，尋求更多具有潛力的「業績」一起注入這個平台⑧，再進一步把股價再拉高，最後所有參與者都可以從中獲利。不可否認的，這個手法十分的有創意而且吸引人。對「新業績」的貢獻者來說，被說服的理由可以想像：「你賣麵包（或XX）可以賺多少錢？還不如把業績換成股票，大家共同發財！」對原有股東來說，透過本益比的乘數效果，每新增一元的每股盈餘都可以增加20～30元以上的股價，何樂而不為？在這樣的模式下，公司擺脫了傳統事業的經營者，反而演變成今日流行的控股公司，在近期不少台灣上市櫃公司的購併和本業不相干的未上市公司中，這種手法不時可見，姑且不論這樣的模式是否合理，以及有挾帶上市的問題。若從正面來看，旗下多元化的事業體可以降低公司單一產品線的風險，但反過來說也增加公司營運上的風險，例如公司原本營運良好的部門可能被其他出問題的部門拖累，或是反而讓公司失去對產品的專注與深耕，特別是經營者醉心於資本金錢遊戲時。

　　誠如徐洵平後來受訪表示的，我根本吃不出來有摻香精和

沒有摻香精麵包的差別。不難理解，因為對徐洵平而言，胖達人只是他的生財工具，而不是永續經營的企業，結果「終日打雁，反被雁啄」，意料之外的胖達人香精事件反而牽累了基因國際和他個人事業。只求業績和盈利增加的廣度，而不探究企業經營的深度，胖達人的案例或許是後續借殼上市者該好好思索的。

✳ 公司治理意涵 ✳

✳ 不務正業 vs. 多角化經營

　　以 2013 年上半年來看，從胖達人認列的營收一度占基因國際總營收 70% 以上，獲利占 65%，若不是因為食安問題爆發，比例可能更高。不禁讓人疑惑一家上市櫃公司如果長期以來主要營收和盈餘都來自認列子公司收益，是否妥當？不容諱言，如同借殼上市般，不少企業由於本業成熟已缺乏成長動能，此時透過轉投資或是購併切入新產業的確可能是創造企業第二春的良方。事實上，現行台灣不少上市櫃公司實際也都轉型為類似控股公司模式，主要收益都來自認列子公司，只是從中衍生另一個問題：公司大筆投資於和原本本業不相干的事業是否恰當呢？

　　從法規面來看，法令不可能限制公司投資範圍或是僅能從事和本業相關活動，反過來說，胖達人若不是有造假的問題對

基因國際何嘗不是個錦上添花的投資⑧。 只是如同台灣許多明星投資副業多半失敗收場一樣，企業要從事非原本專業以外投資，如果對該產業不熟悉，除了可能失焦進而怠忽本業外，甚至可能因為低估產業風險反而拖垮本業。台灣過去最好的例子為天仁茗茶，天仁茗茶從台灣茶葉第一品牌逐步發展為跨足營建、餐飲（溫蒂漢堡）、旅行社及證券等多達17個產業。後來因為台股崩盤，導致天仁證券發生財務問題，進而造成整個集團崩解，後來靠著西進中國重新聚焦茶葉市場才重新翻身。現行法令雖無限制企業轉投資，但如何拿捏多角化經營與不務正業的尺度，或是如何在多角化投資下，築起旗下各企業間的防火牆，甚至避免資金的不正當挪用，這或許是許多企業主想大展事業版圖時該好好思考的。

內線交易之重大消息確認

　　本案例中，一審法官認定許雅鈞等四人在第一時間點內線交易罪不成立的原因，在於檢察官起訴中，認為這四個人固定從基因國際財務長Line群組中得知胖達人從5月起業績下滑，並於7月得知胖達人6月會虧損25萬元而賣出股票，構成內線交易。但法官除了採信證人供稱5到7月業績下滑是季節因素及受當時毒澱粉事件影響外，另一個關鍵在於後來生技達人（胖達人）6月確認報表為賺78萬，而不是原本的虧損25萬，因此法官認為這不構成內線交易中「重大消息確認」的必要條件。

可是試想看看，公司財務長固定用 Line 向大股東和某位大股東的爸爸（許慶祥）回報重要子公司業績及財報這樣是對的嗎？如果 5 至 7 月業績是歸因季節因素和毒澱粉事件，爲什麼之前不賣股票，偏偏要在 7 月 23 日粗估的財報數字出爐後狂賣呢？~~更何況，講難聽一點，反正都有人固定回報每日營業額子，哪裡還需要從大環境去研判？這種判決理由眞是蠻傻眼的~~因爲 Line 上粗估數字和最後確認數字有差異，所以不構成「重大消息確認」，難道有個人聽信傳言殺了自己太太，後來證實傳言是假的，所以殺妻就無罪嗎？法官大人的邏輯讓人有點費解。

借殼上市公司之監理

從基因國際或是之前愛山林事件（同註釋③）就可以發現，不少市場派的標準手法就是先盯上一家形同殭屍，股價只有個位數的上市櫃公司，和公司派達成入主的協議後，再以不停的減資和私募（或現金增資），慢慢地把公司的大多數股權集中到特定人手中。此時由於市場沒有太多流通的股數，就形成了入主者左手賣右手可以自己隨意做價的情況，外面的人看著股價上漲也只能乾瞪眼。

由於台灣借殼上市公司亂象頻傳，再加上借殼模式成爲不少公司逃避上市審查的「終南捷徑」，台灣證交所在 2013 年 12 月公告有關借殼上市公司的相關監理規範，對於有經營層異動或是營業範圍重大變更的公司，要求先下市暫停

交易6個月，比照公司初次申請公開上市（IPO）要求，待公司
符合財務、股權分散、公司治理等六項條件後再重新上市⑨，
否則將處以變更交易，變更交易 2 年內無法恢復則再停止交
易6個月，若無改善則將終止上市。

✳ 內部人交易與短線交易

　　回顧本案例最早爭議起源，除了香精麵包，另一個就在於
基因國際監察人自2013 年 5 月起陸續賣出多達155 萬股基因國
際股票，對應該時間點剛好就是基因國際重要子公司生技達人
業績開始下滑，生技達人並非上市櫃公司，基因國際第二季季
報當時亦未公告，外部人自然無法得知此一消息，是否有內線
交易的可能，還待檢調更進一步釐清。

　　撇開內線交易的爭論，法律當然沒有理由規定公司內部人
不能賣股票。公司內部人（董事、監察人、經理人及持股超過
10% 大股東）由於資訊不對稱而具有公司資訊領先的地位，
若利用此優勢預先買進或賣出持股，會造成對外部股東的不公
平。因此各國的作法多要求內部人買進賣出關係公司股票前需
預先申報，並在重大消息公布前後不得買賣，以及短線交易歸
入權的行使。

　　在台灣的規定中，內部人行使關係公司股票交易除需先申
報並輸入股市公開資訊觀測站外，必須要在申報三日後才能行
使買賣，且必須在一個月內完成⑩；不得在影響股價的重大消
息明確前或明確後18 小時內買賣該公司股票；以及如果上述人

在六個月內買進又賣出（或賣出又買進）公司股票，如有獲利
則該獲利歸公司所有。

註釋

① 該店原名為パン達人手感烘焙，其中「パン」音同「胖」為日文的麵包，
台灣多數媒體都直接寫成胖達人，本文以下亦直接稱為「胖達人」。

② 二次減資分別為 2010 年 2 月 8.6 億元及 12 月 3.69 億元。三次私募分別在
2010 年 2 月及 3 月以每股 1.8 元私募 4 千萬股，另在 12 月以每股 19.92 元
私募 10 萬股。

③ 請參見先覺出版《公司的品格》個案 19〈買殼與借殼上市〉。

④ 生技達人對基因國際之營收貢獻：

單位：千股

期間	基因國際 合併財報淨利	認列生技達人 之投資損益	占合併淨利比率
2013 年第 1 季	$23,395	$15,398	65.82%
2013 年第 2 季	$31,734	$10,546	33.23%
2013 年上半年	**$55,129**	**$25,944**	**47.06**%

生技達人公司於 3013 年 1 月至 6 月之每月營收占基因國際各月份合併營
收之比重分別為 70.33%、63.76%、66.86%、62.46%、59.28%、53.15%。

⑤ 基因國際公告 102 年 1 月至 8 月自結財務資料中「麵包收入」為 5.59 億元，
占總營收近八成。

⑥ 依台北地方法院刑事判決 103 年度金訴字第 4 號判決書內容。

⑦ 生技達人財務長在偵訊時表示，7 月份予以基因國際財務長的 6 月份損益
數字為電腦會計系統當時粗算金額，仍有部分傳票及成本未經覆核而未列
入，後經調整部分科目後，該公司 6 月份最後確切數字為盈利 78 萬元。

⑧ 基因國際進軍餐飲業，除了投資胖達人，還包括撈王豬肚雞連鎖（火鍋）、

豪潤餐飲（麵包）、MS SUGAR 蜜斯蜜糖（甜品，該公司為藝人小 S 與謝娜所創）、MS Bonbon Café 蜜斯甜心（英式下午茶）。

⑨ 再重新上市的六項要件包括：

（1）近期公告申報之歸屬母公司淨利占股本比率達 2%以上。

（2）股本達三億元以上且股數達 3 千萬股以上。

（3）會計師於內部控制制度專案審查出具無保留意見之報告。

（4）無違反證交所有價證券上市審查準則之行為規範、誠信原則或公司治理等情事。

（5）股權分散合於證交所有價證券上市審查準則規定。

（6）董事、監察人及大股東之持股之全部提交集中保管或承諾不予轉讓。

⑩ 買賣股數在 1 萬股內不必申報，如 1 個月未完成買賣則需重新申報。

內線交易到底是利大罪輕，還是利不及罪？

　　根據明代八股文標準，文章的第一段要「破題」，所以先說明一下這個題目是什麼意思。

　　在《公司的品格》一書中，作者描述台灣犯內線交易罪被起訴者的判決，一半以上最終都是判無罪，剩下判有罪的九成以上判決都是「念 XX 心有悔意，在繳回不法所得 XX 萬後，判處緩刑」。因此作者下了一個結論：「內線交易利大罪輕，法官大人又如此佛心來著，豈不是鼓勵大家朝此方向犯罪？」對於這樣的說法，某位擔任法官的讀者提出了完全相反的論點，他認爲內線交易罪之所以是這樣的判決結果，主因在於現行法律對內線交易罪定的太重，導致法官判不下去。因此有了本篇的題目，台灣的內線交易到底是利大罪輕，還是利不及罪。簡單的說，本文要討論的是三個層面：首先，台灣內線交易罪是不是眞的很重？如果是，爲什麼要定這麼重？最後，定這麼重的罪是不是就可以達成嚇阻內線交易的效果？

　　首先，想知道台灣的內線交易罪是不是很重？最直接的方法就是從現行法條規定來看，關於內線交易罪的定義和處罰分別明定於「證券交易法」第 157-1 條 ① 和第 171 條 ②。簡單來說，在台灣犯了內線交易罪，刑期基本上是三年起跳，只要不法利得超過 500 萬元，刑期就是三年以上七年以下，外加 1,000

萬以上 2 億元以下罰金。如果不法利得超過 1 億元以上，起跳
價從 7年起算外加 2,500 萬以上 5 億元以下罰金（不過法官可以
酌量減刑）。

　　乖乖隆地咚～坦白說是真的蠻重的！因為在台灣的法律
中，七年以上的刑期就算是重罪，而通常有本事犯內線交易又
被抓的多半是大咖（小咖通常都是看著老闆吃肉，自己想順便
喝口湯一起被抓），不法金額很容易就可以超過 500 萬甚至上
億元，例如台灣目前有史以來最重的內線交易定罪案——綠點
案，綠點科技大股東普迅創投董事長柯文昌就因為獲知內線交
易，讓旗下創投公司獲利 4.7 億元而被判刑 9 年。

　　在世界多數先進國家中，在資本市場中從事內線交易都是
有罪的，主因在於內線交易會破壞市場交易的公平性，進而損
害資本市場發展。但並不是多數的國家內線交易都是這麼重的
罪，例如英國和日本對於內線交易就傾向寬鬆，這是因為內線
交易除了舉證困難外，另一個特色就是沒有明顯受害者，甚至
還有國際知名學者認為內線交易不見得是件壞事。既然如此，
一向抱著劫貧濟富、海豚轉彎寬大為懷、勸人向善的台灣法律
又怎麼會對這類的高階白領犯罪定下這麼重的罪呢？

　　嗯～這是因為台灣的證券交易法主要是抄襲沿襲美國證
券交易法而來的，那麼為什麼美國要對內線交易訂這麼重的罪
呢？

　　眾所皆知，美國是當代資本主義的最佳代表，資本主義
的最高精神就是「自由放任」，他們相信市場有一隻看不見的

手，會主動調整供需而讓資源分配達到最適化。在這個前提下，政府對經濟的干預愈少愈好，因爲政府的干預只會扭曲市場機制。即便如此，這並不表示政府什麼事都不用做，政府要做的事就是確保市場的公平競爭和充分競爭。因爲美國人相信只有在公平競爭下，個人或是公司才會投入資源並不斷努力；只有在充分競爭下，廠商爲了生存，必須要不斷壓低成本和投入研發提高競爭力。最終在這樣的環境下，會造成整體經濟的向上提升，而消費者也可以拿到又好又便宜的產品，創造雙贏（當然，現實是另一回事）。如果把這二個條件喻爲美國商業最高精神應不爲過。

　　在這樣的精神下，你會發現聯合壟斷或一家獨大（monopoly）在美國會受到重罰甚至強迫分割該公司，很簡單，因爲它破壞了市場的充份競爭。同樣的道理，爲什麼內線交易在美國是重罪？因爲它破壞了市場的公平競爭。

　　But，沒錯，就是這個 But！台灣的商業精神是這樣嗎？台灣很多專家學者都在美國唸書，自然而然地美式商業文化深植他們心中。等回到台灣後，看到了台灣既有的問題，回想起美國對應的解決之道，於是美國仙丹就成了台灣病灶的解藥。殊不知社會科學不同於自然科學的放諸四海皆準，今天每一個國家商業精神乃至於相關法律之所以會如此，往往和這個地方長期以來的商業文化、交易習慣，乃至於歷史地理背景息息相關。一味沿襲國外制度，卻不思了解本地文化，自然結果是橘化爲枳。類似的道理，現行還有一項號稱台灣經濟憲法的法

律，我猜台灣超過九成以上的人都不知道是什麼，因為它在台灣就和衛生棉差不多，不是因為靠得住，而是柔軟的讓你幾乎忘了它的存在。

回到最後的問題，台灣對內線交易採取重罰是不是就可以達到嚇阻或阻止內線交易的效果？這樣的論點在台灣應該很多人是肯定的，但看看下面二個例子或許你會有不同的想法。

第一個例子，近年來台灣食安問題頻傳，多數人都主張要用重刑重罰來威嚇，最好是「關到你死，關到你怕」。但真的用重刑或是訂定更高的標準就能解決食安問題嗎？類似情況比台灣更嚴重的對岸中國或許是很好的實證。

很多人看到中國食安和污染問題頻傳，直覺認為這一定是中國的國家標準很低或處罰太輕。事實上剛好相反，中國很多環保標準是世界最高甚至比歐洲還要高，世界上也沒有幾個國家會因為牛奶裡添加了三聚氰胺就把人處死的（這樣的處罰夠重了吧！）但是中國食安或是環保問題有因此減少嗎？天知道。問題出在哪裡？中國訂定高標準時，卻沒想過本國企業和人民是否有足夠的認知和能力因應這麼高的標準，結果這個高標準反而成為助長官員收賄及企業造假的推手。

同樣的道理，台灣學美國定了一個重罰的內線交易罪。可是台灣的整體商業精神卻和美國截然不同，所以法官大人並不認為從事內線交易有這麼嚴重到要判重罪。從另一個角度想，對法官來說，要判愈重的罪證據當然就要愈明確，在內線交易原本舉證就困難之下，經常的情況就是犯罪情況被檢察官高高

舉起，結果因爲證據不夠嚴謹又被法官輕輕放下，民眾不明事理直覺認爲這一定是金錢或政治介入所致而對司法失去信心。相對的，也因爲不容易定罪，結果多數犯罪者最終也沒有受到什麼的處罰，對後面的「學弟妹」來說自然也不覺得有什麼好怕的。在這種情況下，刑罰訂得重最終卻不易定罪的內線交易罪還有什麼意義？

　　第二個例子，近期有一個警察因爲對逃犯開槍，結果打中了逃犯的大腿造成逃犯最後失血過多死亡，法官認爲警察用槍過當判刑6個月。可以想像，在美國如果有一個警察用槍指著疑犯，大喊Freeze（不要動）！多數的疑犯會高舉雙手不動，理由很簡單，因爲大家都知道警察不是嚇唬你，他是眞的會開槍的。所以在多數情況下，美國警察並不需要眞的開槍就達到了嚇阻的效果。但是在台灣，因爲我們不相信公務人員和執法人員，或是我們騙自己相信自己是一個高度法治的國家，所以我們訂了鉅細靡遺的各式法條、規則和守則，而且經常是新出現原本沒規範到的情況，就加上新的規定。因此當台灣的警察拿著槍對著疑犯大喊不要動時，其實疑犯和警察都知道，在眞正開槍前，警察先生還有一堆程序要做，而且重要的是，只要警察開槍打中了人，不管是合法還是違規都會惹上麻煩。請問你，如果你是逃犯面對台灣警察拿著槍對你喊不要動時你會怎麼做？

　　台灣的內線交易亦復如此，我們總認爲要明白釐清內線交易的界限，人民才能有所規範，所以就訂了各式各樣的規定和

情況，可是就如同笑傲江湖裡的「獨孤九劍」一樣，只要有招式就有劍招可以破，當法律畫了條紅線在那裡，反而會引發更多人喜歡打擦邊球，進而引發爭議，結果很多自作聰明的專家認為這是法律規範不夠清楚所致，於是在舊有規定上又加上新的規定，最終規定愈來愈複雜，但是對於內線交易的抑止卻沒有太多的幫助。

雖說鉅細靡遺的規定或許可以提高法官判案的依據，而且法官判案也不應該自由心證應該要受限於法條框架下，可是法律條文再怎麼訂也不可能規範所有的行為，偏重法條規定而不相信法官專業素養，是否也限制住了法官判案的彈性而讓他失去「開槍」的意願呢？

是否內線交易罪採取現行的嚴格認定標準，再加上重罰就是最佳藥方？我們不得而知，但問題在於台灣目前實際情況就是刑責訂的很重，但內線交易被定罪者少，大家卻普遍認為內線交易情況嚴重，可見預期重罰對相關內線人士的威嚇效果也不彰。大家與其執著於應該把法條訂的更明確詳盡，為何不反向思考，罪刑不要訂的這麼高，讓法條更寬鬆更具有彈性，除了讓法官容易判決。在論罪時也不會單是從法條思考，能從回歸到從當初的立法意旨去思考嫌疑人是否做了不該做的事，這樣會不會好一點？

台灣近年來有不少合併、收購或是入股的案件，以消息公布日向前推算，不少案子股價都在公布前預先漲了一波而有內線交易的疑雲，特別是2015年9月的聯發科合併立錡一案，當

被問起爲何溢價率只有4.27%這麼低時，聯發科高階主管透露「本來沒有要這麼快宣布，疑似消息走漏，股價一直漲，我們才趕快宣布。③」台灣的內線交易眞的是該好好管管了。不管是黑貓還是白貓，能抓到老鼠的就是好貓。但抓老鼠是不是一定得用黑貓？那可就不一定了。

註釋

① 依「證券交易法」第157條之1規定，受規範對象實際知悉公司財務、業務、股票收購等有重大影響其股票價格（或重大虧損、重整、破產等影響其支付本息能力）之消息時，在該消息明確後，未公開前或公開後18小時內，若對該公司之股票，自行或以他人名義買入或賣出，即構成內線交易。而上述受規範對象包括公司之董監事（包括法人代表）、經理人、持股超過10%股東、基於職業或控制關係獲悉消息者或從前列之人獲悉消息者。違反第前項規定者負損害賠償責任（當日與股價與消息公開後10日均價之差額），若情節重大，賠償額提高至三倍。提供消息之人亦負連帶賠償責任。

② 依「證券交易法」第171條，內線交易的刑事責任為3年以上10年以下有期徒刑，得併科1,000萬元以上2億元以下罰金。犯罪所得達1億元以上，7年以上有期徒刑，得併科2,500萬元以上5億元以下罰金。犯罪所得利益超過罰金最高額者，得於所得利益之範圍內加重罰金。損及證券市場穩定者，加重其刑至二分之一。於犯罪後自首或於偵查中自白者，得減輕或免除其刑。

③ 《天下雜誌》第581期〈聯發科購併立錡，看準無線充電？〉

個案 13
限制型股票是激勵員工，
還是另類的高層自肥？

　　2014年8月26日宏碁股份有限公司（以下簡稱「宏碁」）
公告經董事會通過，基於「獎勵優秀員工，留住重要人才」，
決議針對處長級以上主管發放限制員工權利新股（以下簡稱
「限制型股票」）5,000萬股（後經股東會決議改為發行1,740
萬股），在發放期間只要達成公司年度營運目標，符合資格的
主管可以在隔年無償取得公司股票①。2014年由於宏碁設定轉
虧為盈目標達成，因此在2015年包括董事長等近150位高階主
管獲得宏碁限制型股票，若以宣布日宏碁收盤價每股24.15元計
算，這批股票市值約為4.2億元。其中以黃少華（創辦人及現
任董事長）、施振榮（創辦人及自建雲首席建構師）和陳俊聖
（執行長）三人各取得48萬股為最多。

　　消息公告後，市場似乎不太認同宏碁的政策，特別是外資
接連二個交易日即賣超了近1,700萬股。雖然事後宏碁創辦人
施振榮表示，中高階主管在創造價值上承擔更大的責任和更多
風險，當然需要獎勵。不過大家仍不免質疑，宏碁在2013年才

創下全年虧損超過200億，每股虧損7.54元的驚人數字，2014年的獲利數字真的是歸因於經營層的努力？抑或只是反映2013年大幅打消呆帳及商譽的結果？此外，當初台灣科技業大力游說政府推動限制型股票時，「檯面上」的理由是為了因應來自其他國家用股票挖角，造成台灣人才外流。可是事後來看，台灣許多上市櫃公司發行限制型股票後，真正拿到最多股票的很多都是公司的董事長②，雖說限制型股票原意就是針對特定人士及中高階主管，但在國外經營權與所有權分開下，限制型股票除了激勵員工，同時也有透過股票的分期發放「綁住」高貢獻度員工的意涵，例如美國的蘋果公司（Apple Inc.）執行長提姆・庫克（Tim Cook）③在2012年獲得市值約3.7億美元的100萬股蘋果股票，就限定只能在2016年和2021年各拿一半。可是台灣的董事長除了是經營者也通常是一家公司的大股東，要靠發股票來「激勵」或「綁住」董事長似乎不太合理。甚至如果把這樣的說法套在宏碁身上，豈不是在暗示大家，如果不發股票，宏碁連施振榮和黃少華都可能被挖角？歐美盛行的限制型股票遠渡重洋來到台灣是否橘化為枳，成為另類的高層自肥方案？

員工分紅配股引爭議

　　談到員工激勵計畫，大家一定不會忘記從1980年代後期至2000年代中期台灣特有的員工分紅配股。這個由聯電

在1986年首開先例的制度，不但帶動了台灣科技業的浪潮，也創造了數以萬計的「科技新貴」。當時台灣科技業由於承接歐美品牌釋出的代工訂單而大發利市，因而每一年都配發鉅額的股票股利。許多公司也就順勢訂立員工分紅比例，利用發放股票股利同時發放一定比例股票給員工，由於當時科技業股價動輒都是百元左右，員工或高階經理人等於每年都可以拿到市值數十萬到數千萬元的股票，也讓科學園區所在的新竹市成為當時僅次於台北市居民平均所得第二高的城市。

　　從會計層面來看，由於當時的員工分紅、董監酬勞和股東股利都被視為盈餘分派的一種，因此公司發放員工分紅股票並不影響公司盈餘，只是增加股本，對於公司成本的增加微乎其微。但對員工而言，每年都可以拿到等同年薪數倍以上的「紅利」，而且由於停徵證券交易所得稅，拿到的股票只需用面額十元課稅，因此除了對長官惟命是從外，甚至還會加倍努力工作。當時竹科「地不分天南地北，人不分男女老幼」，幾乎人人都抱持著「一吋晶圓一吋血，十萬青年十萬肝」的精神，成天熬夜加班救台灣！期待著因為他個人的努力可以讓公司股價上漲，好讓他年終可以多領一些股票。這個制度可謂公司、員工皆大歡喜共創雙贏。也因此時至今日還不時有科技大老感慨，員工分紅配股正是創造台灣科技業奇蹟的最大功臣，~~可惜被一些腦殘的學者和官員給廢除了，以致台灣科技業開始走下坡。~~但真的是這樣嗎？

　　當時針對台灣特有的員工分紅配股制度，外界並非

全然沒有批評的聲音。美國最大的記憶體製造商——美光（Micron），就分別在1997和1998年針對SRAM及DRAM向美國商務部和國際貿易委員會對台灣半導體製造商提出傾銷控告，其中部分原因就在於台灣科技業的員工分紅配股制。

　　所謂的傾銷（Dumping）是指透過不公平的手段將本地產品銷往他地，造成輸入方當地產業的損害。舉例來說，A公司和B公司都是煉鋼業，理論上彼此都很清楚整個製程的成本結構。如果在美國的A公司生產一噸的鋼成本要1,000美元，在台灣的B公司宣稱自己水電或薪資比較便宜，所以一噸成本只要900美元，但如果B公司有辦法把產品大老遠運到美國，結果在美國賣一噸700美元，那很明顯地如果不是有政府補貼，就是有一些非常規的制度造成B公司可以把產品賣的這麼便宜。一般而言，如果傾銷被裁定成立，輸入國可以禁止該產品進口或是加課反傾銷稅來讓價格正常化。

　　傾銷怎麼會和員工分紅配股扯上關係？當時美光舉了一個例子：有一位史丹佛大學博士畢業生美光開了年薪10萬美元要雇用他，結果這個人跑去了台灣新竹的台積電，月薪是台幣5萬元。年薪10萬美元不做跑去做年薪不到2萬美元的工作，這個博士如果不是很愛國肯定是頭腦有問題！答案揭曉，他在台積電雖然月薪只有台幣5萬元，但一年可以領價值上千萬元的股票。簡單地說，雇用同樣一個人，美光要認列10萬美元的薪資費用，但台積電只要認列不到2萬美元，美光主張這就是台灣半導體之所以可以低價賣入美國的主要原因，因此要求美國

對於台灣輸入的半導體課以高額反傾銷稅④。

　　另一波反對員工分紅配股聲浪則是來自從2002年起的外資，由於當時外資已經持有台灣股市相當比重的股權，自然也擁有具高影響力的聲音。外資反對的意見主要基於當時的背景，在經歷十幾年來的高額配股和多次現金增資，台灣不少科技業的股本都十分龐大，再加上資訊產品的日益成熟，往日高速成長不再。因此，外資建議科技業應降低已過度膨脹的股本來維持股價，可是不少公司依舊沉迷於員工分紅配股的財富效應，因此常有公司才賺了5億元，卻發出了市值8億元的股票，甚至是股東領現金股利，員工領股票，等於是拿現有的股東的權益來補貼員工的不合理現象⑤。

　　尤有甚者，誠如前面所述那位台積電月領5萬外加一年領上千萬元股票的員工，不難理解，每年領取的股票才是他真正財富的來源。因此，不少員工拿到股票當下的第一件事就是賣股票，因為他買房買車或是其他高額消費靠的不是月薪而是股票，結果員工分紅配股所取得的股票反而成為市場賣壓的來源，這對外資或是其他股東自然是二度傷害。最後，分析師以幾家同時在台灣及美國掛牌的公司試算，同一份財報用台美不同會計制度計算，盈餘可以相差300億元以上⑥，很明顯地台灣會計制度造成財報盈餘的虛增，誤導投資大眾。因此，外資一方面開始大幅賣超台股，另一方面強力要求台灣政府必須將員工分紅費用化。

　　其實就是因為外資與外商的脅迫，基於接軌國際會計制度

及捍衛台灣本地投資人權益，台灣政府於2006年修改「商業會計法」⑦，金管會亦於2007年發布函令要求自2008年1月1日起實施「員工分紅費用化」。自此公司配發股票給員工不再是無成本，而是必須就股東會決議日前一天收盤價計算市價列為員工薪資費用（非公開發行公司以淨值為計算基礎），而員工所配領的股票也不再只依面額課稅，而是依時價計入薪資所得課稅。可以想像，此舉當然引發科技業者強力的反彈，認為少了員工分紅，台灣科技業的競爭力將不再。

平心而論，除了員工分紅配股，同一時間台灣允許的員工激勵計畫還有員工認股權憑證（或員工認股選擇權）、公司購入庫藏股轉讓員工、公司現金增資保留員工認購及股東持股他益信託⑧。其中特別是員工認股權憑證由於具有發行成本低、側重鼓勵員工與經理人著重公司長期發展，讓股東利益與員工利益趨於一致等優點，迄今仍為歐美常用的員工激勵計畫⑨。只是以上述制度共同的特色就是符合資格者在取得公司股票時，都需自己（或公司）先拿出一筆錢來買，而且還要繳稅。對於「曾經滄海難為水」的台灣科技業老闆們來說，在嚐過了「印股票換鈔票」和「不要錢的最好」的甜頭後，似乎什麼員工激勵計畫都沒有舊有的好，因此每隔一段時間都可以聽到科技大老疾呼台灣恢復員工分紅配股的聲音。

企業留才新武器？

　　2011年立法院通過「公司法」修正案，首次將員工限制型股票納入員工獎酬機制中，自此國外常見的各式員工獎勵計畫方案，台灣都已具備。所謂限制型股票是指公司用無償（0元）或低於市價的價格承諾給予員工一定數量的股票，但同時也訂定一些限制條款。舉例來說，某公司承諾給了甲員工10萬股公司股票，但分5年每年給2萬股，這5年中需達成公司設定目標且仍在職才能拿到股票，若某一年度未達目標則取消該年度的2萬股；或是員工取得股票後每年只能處分25％或需等1至3年後才能處分等，等於公司透過給予股票激勵特定員工達成公司目標以及綁住員工異動（或是提高對手挖角成本）。

　　限制型股票和傳統員工分紅配股不同之處，在於員工分紅配股由於是和盈餘掛勾，公司必須賺錢才能發（所以才叫「分紅」），但公司發限制型股票不受盈虧限制。相對的，之所以用無償或低於市價給予股票，主要是對應於另一項工具——員工認股權都設有認購價，一旦公司股價跌破認購價，這個認股權形成廢紙，反而加速人才流失。最後，限制型股票可以用發行新股方式進行，也省去了公司要花一筆錢從市場買進庫藏股來發給員工的成本。看起來除了要繳比較多的稅外，限制型股票最接近台灣原始員工分紅配股制度。表一為國內常見之員工獎酬方案特性之比較。

表一　員工獎酬方案特性之比較

工具	優點	缺點
現金增資 員工認股	・當年度無盈餘仍可發放 ・限制員工2年內不得轉讓 ・員工可以低於市價取得 ・僅需董事會通過	・股本膨脹疑慮 ・員工須出資認購，降低意願 ・經理人受歸入權限制（課稅但不得立即轉賣）
員工分紅配股	・個別無配發上限 ・員工無償取得	・無盈餘不得發放 ・當年一次認列費用 ・不得收回及限制員工轉讓，留才效果有限
員工認股權憑證	・當年度無盈餘仍可發放 ・分年認列費用 ・限制員工2年內不得行使 ・可透過認股條件與員工服務與績效連結	・員工須支付認購價，降低認購意願 ・經理人受歸入權限制轉賣
庫藏股轉讓員工	・限制員工2年內不得轉讓 ・避免股本膨脹 ・員工可以低於市價取得 ・可轉讓子公司員工	・需有盈餘才能實施 ・需準備資金買回庫藏股 ・員工須出資認購 ・轉讓價格低於買回均價須經股東會同意
限制型股票	・當年度無盈餘仍可發放 ・分年認列費用 ・可低於面額或無償發放 ・可限制員工轉讓時點 ・可透過認股條件與員工服務與績效連結	・僅公開發行公司適用 ・發行數量及個別認購數量有上限 ・不得發給子公司員工

　　稅的問題很快也得到解決，2015 年由於不少科技業大老一再呼籲，政府應正視不少鄰近國家都以股票為手段挖走台灣人才，造成台灣人才外移，因此行政院及立法院在同年度通過「產業創新條例」部分條文修正案，其中針對員工分紅配股，訂定為鼓勵留住人才，公司給與員工分紅配股、認股權、

限制型股票、買回庫藏股發給員工等，每人在500萬元額度內可以選擇延緩5年繳納所得稅。也有人把限制型股票與員工分紅5年緩課合起來稱爲員工分紅配股的2.0版。

　　如同科技業大老一再言之鑿鑿，台灣科技業沒落是因爲廢除員工分紅配股制度，相信在新員工分紅配股2.0版上路後，未來台灣科技業一定會如同宣稱廢除證所稅將帶動台股上萬點一樣⑩「逆轟高灰」！

結論

　　俗話說得好：「有激勵，疲痛好利利！」激勵可以提高員工工作士氣、增加工作積極度等優點在許多學術論文均已實證，只是在台灣科技大老眼中，似乎沒有了激勵，台灣的員工就會擺爛無心工作，或是像游牧民族一樣，哪裡錢多就往哪裡去。員工的工作意願或是否跳槽關鍵眞的只是錢嗎？或是職場環境、公司文化、公司前景、對員工的尊重或未來升遷及教育訓練計畫等才是重點？公司不追求員工工時和工作環境的改善及建立合理的制度，只想著從股東和政府身上掏更多錢來激勵員工豈不是捨本逐末？尤有甚者，回頭看看那位史丹佛博士生的故事，員工激勵計畫在台灣是否反而成爲公司壓低員工合理薪資的工具？

　　再者，在公司給予限制型股票時，多數仍是遵照傳統，位子愈高的人領的愈多，事實上從最早期的員工分紅配股時

代，董事長（甚至董監事）領員工分紅就是一個很具爭議性的
話題⑪，雖說在台灣普遍的經營權與所有權合一下，董事長經
常也負責公司日常營運決策，但回頭想想發行限制型股票的原
意──吸引和留住人才！ 是否台灣把員工激勵和高層獎勵的意
義搞混了？

　　宏碁與宏達電子是近年來最常被討論的台灣公司。因為
二者都是以台灣自有品牌一度在國際大放光芒，卻又不約而同
地在近年快速隕落。宏碁分別在 2011 年和 2013 年認列鉅額虧
損，理由是經營團隊有問題和大環境不佳，但似乎卻沒有人檢
討過董事會和監察人在此過程中應有的責任。事實上在這段期
間，黃少華和施振榮一直都在董事會中（施振榮為董事，黃少
華為監察人），自然也參與相關的決策。會造成如此，其實和
台灣法人投資者不願積極介入公司事務有關。只是這家一再強
調王道文化的公司，可是出了錯都是「They」的錯，賺錢了是
因為「I」的領導有方，看在員工心裡不知有何想法？

✳ 公司治理意涵 ✳

✳ 限制型股票發放與薪酬委員會

　　從股東角度思考員工激勵計畫自然是又愛又怕，一方面
希望透過計畫可以讓員工更加努力帶動公司股價提升，創造員
工、股東雙贏；但另一方面又怕經營層以此自肥，剝削股東權

益來滿足自己的荷包。現行公開發行公司發放限制型股票規定，如果發放對象有涉及公司經理人及兼任員工的董事則需先由公司薪酬委員會及董事會通過，再提交股東會特別決議通過。「理論上」最能為股東權益把關的是薪酬委員會；「理論上」由外部人士或獨立董事組成的薪酬委員會應該發揮其獨立性，認真檢視該員工激勵計畫是否真的符合公司長期發展方向及所訂定的目標、條件、金額和符合資格對象是否合理。只是這些外部人士與獨立董事是否真具有獨立性就受人質疑，因此即便是薪資委員會或董事會通過的方案是對公司最佳的策略，依然讓股東很難真正信服。

　　除此之外，現行台灣經理人薪酬、與獎酬和董監酬勞一樣仍是採取級距式公布，而非比照一般國際清楚列示各式酬勞數字，所持理由一直是台灣治安不佳這種爛藉口，實在讓人不解。

　　目前國際趨勢就是公開透明，要讓股東相信公司經營層是以公司最大利益而非私利為出發點進行員工激勵計畫，最佳的良方也是公開透明。茲建議除了應清楚列示各經理人（及董監事）各項酬勞所得外，對於個別經理人為何取得員工激勵與歷年取得獎酬的金額都可以充分揭露。

✳ 激勵與獎勵

　　細數各項員工激勵方案其實各有其特色，例如限制型股票和大股東持股他益信託就側重於獎勵及留住少數高貢獻度員工，員工認股權則適用較多員工；有一些工具透過遞延支付具有留才或是鼓勵員工持續努力的功能（激勵），有的工具則是針對達成預設目標予以獎賞（獎勵）。照道理公司應該針對員工屬性及公司未來發展策略綜合運用不同工具，但如同台灣許多政策一樣，原本單純只為一個目的，結果卻加入許多考量最後卻變成四不像一樣。公司不應該只沉迷一項「最佳工具」，然後把所有的目標、激勵和獎勵全部加在一起。公司應針對短、中、長期公司發展計畫及人力計畫，建立制度化的薪（獎）酬計畫。

✳ 員工薪資合理化

　　宏碁限制型股票受人批評處之一在於僅針對中高階主管發放。事實上限制型股票原本就是設定針對少數、具重要性員工的留才和激勵的計畫無誤。只是宏碁的案例也帶出另一個問題：：中低階員工怎麼辦？

　　近年來台灣社會一直有股不平聲音：「萬物皆漲，只有薪水不漲」「工時愈來愈長，企業急尋新鮮耐操的肝」。事實上，《天下雜誌》曾作過調查，台灣上市櫃公司整體薪資是每年都在上揚的，但關鍵在於高階主管占走了絕大部分。原因不難理解，在全球化趨勢下，高階經理人很容易透過跳槽取得高

薪，而中低階員工在全球化布局下反而要面臨更多的競爭和淘汰。不過除此之外，還有一個公開的祕密：在台灣傳統Cost down的思維下，在老闆眼中，員工是公司很重要的「費用」而不是「資產」，也因此加班不給加班費的「責任制」才會盛行於台灣。也因爲無酬額外工作或只是爲了應付讓老闆覺得自己很忙，台灣人工時長但效率很低，且對公司忠誠度也不高。也因爲「成本」的概念，台灣大老闆才會急著找一些名爲激勵方案或獎勵計畫，看似鼓勵員工，其實只是延緩員工薪資的合理化。

在高談利用激勵員工和留住人才，或許台灣老闆該先想的，是怎麼讓現有薪資合理化，提高員工對公司「眞正的」向心力。

註釋

① 限制型股票（Restricted Stock Awards, RSA）為發給員工之新股附有服務條件或績效條件等既得條件，於既得條件達成前，其股份權利受有限制。宏碁之限制型股票發放標準除了針對處長級以上人員外，並設定有公司績效標準（淨營收成長、淨利成長及 EPS 成長）及個人考績標準。符合資格者在 4 年內需達到以上各項指標一部分以上並持續在職才能獲得限制型股票，若隔年無法達成設定目標，則該年度原訂 25% 的股票停發。

② 部分取得上市櫃公司公告發行限制型股票資料包括：

· 揚智發行 5,000 張（一張為 1 千股）限制型股票，董事長暨總經理林申彬、副總經理黃學偉、張立中及財務長張方欣各配得 500 張。

· 宜特共發行 1,200 張限制型股票，由董事長余維斌、總經理林正德、可靠

工程副總經理崔革文、業務副總經理鄭俊彥、財務長林榆桑、行政管理處長陳文吟、品質經營室處長蘇浩滄及資訊工程處長蔡裕昌 8 人取得。

· 緯創發行 6.27 萬張限制型股票，占股本比例 2.85%，董事長林憲銘兼任執行長約分到 6,279 張，總經理黃柏溥也同樣分得 6,279 張，各占限制型股票發行額 10%，緯創事業群總經理黃俊東跟沈慶堯則各分得 4,394 張股票。

③ Timothy Cook 目前為蘋果執行長（CEO）兼董事，持有蘋果股份約 100 萬股。蘋果現任董事長為 Arthur Levinson。

④ 這二個傾銷案在多次申訴和來回辨論後，2002 和 2003 年由美國國際貿易委員會裁定傾銷不成立。

⑤ 依所羅門美邦證券台灣區研究主管陳衛斌 2002 年 9 月研究指出，台灣上市科技業（代號 23XX, 24XX, 30XX）剔除中華電信後，1999 至 2001 年三年內合計稅前盈餘被員工分紅吃掉的比率，分別達 52.1%、25.6%、77.1%，平均每年員工分紅費用高達 23 億美元，約合 780 億元，金額相當驚人。

⑥ 美林證券張惟閔接受媒體訪問，在刊載的「外資停賣，員工股票分紅衝擊居關鍵」一文指出，以美國會計規則計算台灣某美國掛牌公司（該文以 xxx 未指明特定公司，但卻引發台積電強烈反擊）獲利數字會和台灣當時財報相差 360 億元以上，其中主因就在於員工分紅制度。

⑦ 原本「商業會計法」第 64 條條文為「商業盈餘之所得，如股息、紅利等不得作為費用或損失」而後改為「商業對業主分配之盈餘，不得作為費用或損失」，等於限定只有對業主分配之盈餘限定不能作費用。

⑧ 股東持股他益信託是指大股東將個人部分持股交付信託，再指定信託持股所產生孳息或配股交付員工，也就是大股東用自己的錢去激勵員工。鴻海郭台銘（信託 8.6 萬張）和華碩施崇棠、童子賢、徐世昌（信託 2.6 萬張）都曾以此用來獎賞員工。由於受益人並非信託人本人（所以叫「他益」），信託者也有節稅的效果。

⑨ 員工認股權憑證是公司給予員工一種認股權，承諾員工在取得認股權後 2 到 10 年內（視個別公司規定），可以用一定價格（在台灣是依給予認權權當日市價作為執行價）購入公司一定數量股價。例如 A 公司承諾員工 B 只要在職，都可以在二年後開始到十年後內任何一天都可以用每股 30 元

買進公司股票 1 萬股。這樣一方面有助於提高員工長期留任意願,另一方面也讓員工願意為提高公司股價而努力,相較於員工分紅傾向鼓勵員工過去表現和激勵員工短期績效,員工認股權讓公司高階主管及員工更著重未來表現和長期績效,且股東利益和員工利益也會較為一致,這在美國屬於常見的員工獎勵計畫,且一般公司也多偏好在公司股價低潮期時發行員工認股權計畫。

⑩ 自 2012 年政府有意恢復課徵證券交易所得稅以來,財團及~~不學無術~~的名嘴即一再抨擊會對台灣經濟造成巨大衝擊,甚至有~~腦殘~~的學者指出,台灣資本市場不如香港、新加坡就是因為台灣資本交易相關稅率高於這二地。在媒體和名嘴不停圍剿下,雖然這個稅在台灣一天都沒有實施過,但彷彿台灣經濟不振、出口下滑、母雞不下蛋都歸因於萬惡的證所稅。最後,該稅雖然一再修改和退讓,還是抵不過~~利委~~立委的強力要求於 2015 年廢除。原本名嘴媒體一再宣稱廢除證所稅後台股會上萬點,事實上自 11 月廢除之後台股反而從 8400 點左右一路下跌至隔年 1 月 7650 點左右。

⑪ 員工分紅配股時代由於利益過大,也常有上市櫃董監事參與員工配股引發批評。後來限定只有擔任員工的董事才能參與員工分紅配股,董監事則是領取董監酬勞。

一場公司的思辨之旅──
上市櫃公司董事長兼總經理好不好？

　　據報載台灣 888 家上市公司及 698 家上櫃公司中，分別有241家及257家公司董事長和總經理是由同一人兼任，約占全部上市櫃公司31%。換言之，台灣將近每三家上市櫃公司中就有一家是董事長兼總經理，其中不乏一些知名大企業，如台灣水泥、鴻海企業及宏達電等，而被認為是一個台灣公司治理落後的指標。

　　一家上市櫃公司董事長兼總經理到底好不好？在台灣證交所訂定的「上市上櫃公司治理實務守則」第23條明訂：「上市上櫃公司董事長及總經理之職責應明確畫分。董事長及總經理不宜由同一人擔任。如董事長及總經理由同一人或互為配偶或一等親屬擔任，則宜增加獨立董事席次。」

　　由此可知，站在證交所立場是反對上市櫃公司董事長兼任總經理的。既然如此，那現實中又怎麼會有高達三成以上的上市櫃公司是董事長兼總經理呢？請回頭再看看上面的法條，寫的是董事長和總經理「不宜」由同一人擔任。什麼叫「不宜」？用白話文說就是「最好不要」，那如果「我就是偏偏要呢」？嗯～我想最好不要啦！

　　為什麼董事長兼總經理會被視為公司治理的落後指標呢？

理由很簡單，因為美國的公司治理專家認為這樣不好，所以台灣主管機關也認為這樣不好。那麼美國專家們為什麼認為這樣不好呢？回答這問題前，你要先了解美國公司和台灣公司背景的有什麼不同以及董事長和總經理的職權差別在哪裡？簡單地說，對美國企業來說，董事長和總經理分別代表的是公司的所有權和經營權，或者說監督者和經營者的關係。如果一個組織中監督人同時也是被監督者豈不是很容易出亂子。

　　如果你還是搞不清楚上列的關係，讓我用一個更簡單的例子告訴你。現代不少人居住在大樓裡，社區裡有二個大家很常接觸的單位。一個是管委會，另一個是管理的物業公司。二者的差別大家可能都知道，管委會是由社區住戶中產生，主要是代表所有住戶出面協調和決定社區共同的事務，而物業公司則是外聘的，負責處理社區內例行的事務，例如代收包裹、社區清潔或是訪客登記等。每個月物業公司會就物業管理費與大樓相關支出作成財報後向管委會請款，這些費用經過主委和財委同意後撥款。相對的，管委會要定期開會，針對住戶反應、政府最新規定，以及否要增建或是改善社區工程等進行討論。最後管委會會議紀錄通常會和社區財務報告一起貼在社區公布欄內，供住戶了解社區最新近況及財務支出。 此外，管委會每一年還有一個重要工作，就是召開住戶大會，向所有住戶報告一年來工作概況、選舉新任委員及聽取住戶意見。最後，管委會和物業公司還有一個很大的差別，管委會有權決定聘用哪一家物業公司，因此代表物業公司的總幹事理所當然要聽管委會的

話。

　　接下來請你想像一種情況，萬一管委會主委剛好就是物業公司的老闆會有什麼情況？先談好處，沒錯，就是效率。正常情況下，物業公司總幹事向主委反應社區應修繕或添購設備時，主委還要召集管委會討論通過後才能進行，反之，社區希望物業公司配合之處，總幹事多半也要和公司討論後才能回覆。當主委和物業老闆是同一人時，特別是主委也能控制其他委員時，所有決策都會非常有效率。因為只要主委一個人說了就算數。除此之外，因為主委就是實際執行的總幹事，他會非常了解整個社區實際運作和相關問題，因此決策也會相當到位。

　　反過來想，如果主委同時也是物業公司老闆會有什麼問題？無疑就是有舞弊的可能。特別是當主委可以控制管委會時，等於球員兼裁判，就可能產生利益輸送或長期壟斷的情況。事實上，除此之外還有另一個問題——決策盲點。因為主委可能覺得沒有比他更懂，因而貿然進行他認為對的事。

　　上述的例子應該可以讓你清楚地了解，如果把社區當成一家公司。住戶大會就是股東大會。管委會如同董事會，主委就是董事長，而物業公司就是代表經營方，總幹事就是公司的總經理。主委兼物業公司老闆會發生的事差不多就是董事長兼總經理會發生的事。

　　那麼讓我們回到最早的問題，董事長兼總經理到底好不好？現在請你閉上書本，想像一下如果你是秦始皇你會怎樣

做？沒錯，就是殺！當然錯子，因爲秦始皇時代根本沒有董事長和總經理，好嗎？從社區的例子來看，其實各有好壞，端看你要從決策效率面或是防弊的角度來切入。台灣企業發展歷史由於不像歐美企業久遠，多數上市櫃公司目前仍多由第一代（電子業）或第二代（傳統產業）掌舵，所以不免有這個企業是我（我爸）創立的，當然沒有人比我更懂的心態。經營權和所有權同屬一方也自然成爲普遍的想法和作法。甚至許多公司董事長雖然不兼總經理，對公司日常經營事務上仍是指手畫腳，實際上才是經營者。除此之外，台灣的中大型企業（上市櫃公司）放上國際舞台上規模仍多屬中小型，需要高度的決策效率來維持競爭力，也往往成爲不少公司董事長兼總經理的最好理由。

可是從另一方面思考，如同你住透天厝，只要不妨礙別人，你愛怎麼做都無妨，但一旦公司上市櫃之後，就如同搬到大樓，牽涉到成千上萬股東的公共利益，權力自然就要受到一定的牽制。

毫無疑問，沒有理由一家公司董事長不會同時就是該公司最有經營能力的人。自然，董事長兼總經理也不見得就是一家公司治理落後的指標。與其把問題簡化爲董事長兼總經理好不好，更該關注的是一家公司制度是否健全，包括：

．董事長持有的股權是否偏離他的控制權力過大？

．公司的其他董事和監察人是否眞的能獨立行使其權力？

．針對特定事項，董事長是否進行利益迴避？

參考資料

個案1 **你不知道的控股神器——財團法人面面觀**

1. 朱澤民，「誰讓大型醫院變成酷斯拉」，財團法人台灣醫療改革基金會，2014年1月9日，網址：http://www.thrf.org.tw/Page_Show.asp？Page_ID=1818

2. 洪綾襄，2015，「財團醫院搬錢術」，財訊雙週刊，第471期，40頁，2015年2月26日。

3. 陳冲，「財團法人也該監督」，聯合報，2015年3月15日，網址：http://udn.com/news/story/7339/765776

4. 陳彥淳，「李寶珠台灣最有錢的女人」，財訊雙週刊，467期，74頁，2015年1月1日。

5. 陳惠馨，1995，「財團法人監督問題之探討」，行政院研究發展考核委員會。

6. 馮燕，2008，「如何加強委託非營利機構推展福利業務」，初版二刷，行政院研考會。

7. 醫事司，2013，「醫療財團法人設立：醫療財團法人定義及本質」，衛生福利部醫事司。

8. 姚惠珍，「王永慶布局10年　帝國永不分家之祕」，今周刊，935期，104頁，2014年11月24日。

9. 台灣塑膠工業股份有限公司財務報告

鄉民提問 美國如何管理非營利組織？

10. 洪綾襄，2015，「財團醫院搬錢術」，財訊雙週刊，第471期，40頁，2015年2月26日。

個案2 怎麼了？你變了！說好的接班呢？

1. 葉家興，「我見我思——家族換屆風暴」，中國時報，2016年3月13日。

2. 曾仁凱，「長榮集團總裁　傳大房要廢」，經濟日報，2016年2月20日。

3. 林淑華，「一紙遺囑逼長榮大房架空張國煒內幕」，商業周刊，1476期，46頁，2016年2月29日。

4. 鄧寧，「通牒之後　張國煒的三個選擇」，今周刊，1001期，44頁，2016年2月29日。

5. 台灣證券交易所公開資訊觀測站。

6. 長榮集團公司財務報告。

經典案例 不同的家族控股模式——台塑與長榮

1. 吳佳蓉，「豪門分家鬩牆　會計師教3招分產」，自由時報，2015年11月6日。

2. 姚惠珍，2015，「繼承者們　台塑接班十年祕辛」，時報文化。

3. 姚惠珍，「王永慶佈局十年　帝國永不分家之祕」，今

週刊，953期，104頁，2014年11月24日。

個案3 Treat or Trick？不給糖就搗蛋的股東會

1. 王憶紅，「10小時57分！中華電信股東會再破紀錄」，
   自由時報，2015年6月26日。
2. 林俊宏，「股東會場上常見的爭議與因應之道」，工商
   時報，2015年6月4日。
3. 劉志原、張嘉伶，「威脅企業　職業股東判3年」，蘋
   果日報，2012年12月28日。
4. 蔡朝安，「職業股東　不能為所欲為」，經濟日報，
   2010年6月28日。

鄉民提問 美國股東會和台灣的有什麼不同？

個案4 合併是為了提升競爭力，還是為大股東解套？

1. 楊之瑜，「聯家軍四合一互相取暖」，商業周刊，1065
   期，60頁，2008年4月21日。
2. 王天明，「整併聯家軍『洪嘉聰概念股』看漲」，商業
   周刊，1079期，48頁，2008年7月28日。
3. 台灣經濟新報資料庫。
4. 台灣證券交易所公開資訊觀測站。
5. 聯陽半導體股份有限公司財務報告。

個案5　被國際禿鷹盯上的小鮮肉

——F-再生的教訓

1. 尚清林，「獵殺國際禿鷹內幕F-再生關鍵震盪13天全記錄」，財訊雙週刊，450期，146頁，2014年5月7日。

2. 姚惠珍，「國際禿鷹港台狙擊　引發台資本市場白色恐怖」，風傳媒，2014年6月22日。網址：http://www.storm.mg/article/22005

3. 陳永吉，「F股透明度差，以本企掛牌更坦蕩」，自由時報，2015年3月30日。

4. 陳碧芬，「F-再生案，格勞克斯公開信抨擊證交所」，工商時報，2014年5月5日。

5. 蔡靚萱，「打趴F股！專訪34歲神秘禿鷹」，商業周刊，1381期，44頁，2014年5月5日。

6. 亞洲塑膠再生資源控股有限公司記者說明會投影片，2014年4月28日。

7. 格勞克斯研究報告。網址：https://glaucusresearch.com/corporate-corruption/

8. 台灣證券交易所公開資訊觀測站。

9. 亞洲塑膠再生資源控股有限公司財務報告。

鄉民提問　為什麼除權息要同步扣股價？

個案6 用小錢玩大權，股票質押玩槓桿

1. 尤子彥，「三陽『引狼入室』巧合三部曲」，商業周刊，1310期，72頁，2012年12月31日。

2. 邱馨儀，「黃世惠持股　九成質借」，經濟日報，2011年5月30日。

3. 邱馨儀，三陽黃家經營權　恐有變數」，經濟日報，2011年5月10日。

4. 周小仙，「股東會場地違規三陽打入全額交割」，聯合報，2014年6月17日。

5. 高嘉和、黃宣弼，「三陽最大股東　黃家拱手讓人」，自由時報，2011年5月9日。

6. 陳懋蔚，「王子勝公主！三陽經營權恐變天」，蘋果日報，2014年6月19日。

7. 翁毓嵐，「找邱毅揭弊反制市場派　黃世惠出招力保三陽經營權」，新新聞，1346期，2012年12月25日。

8. 黃琴雅，「史上最激烈的經營權戰　邱毅都在場」，時報周刊，1812期，2012年11月16日。

9. 賴琬莉，「市場派挑戰黃世惠家族五十一年經營權」，今周刊，823期，2012年9月27日。

10. 台灣證券交易所公開資訊觀測站。

11. 三陽工業股份有限公司財務報告。

鄉民提問 為什麼接班人是個重要議題？

1. 范博宏、莫頓・班奈德森，2015，「接班人計畫，商周出版。

個案7 我就是不專業，不然要怎樣？

——談威強電財報疑雲

1. 馬自明，「威強電營收虛胖　誠信危機擴大」，財訊雙週刊，448期，98頁，2014年4月10日。

2. 謝艾莉、王淑以，「威強電去年營收　下修30%」，經濟日報，2014年4月2日。

3. 陳奕先，「去年營收大減，威強電：不影響獲利」，時報資訊，2014年4月2日。

4. 金仁晧、謝君臨，「疑美化財報22億，威強電涉炒股遭搜索」，自由時報，2016年3月24日。

5. 李文正、蕭博文、吳姿瑩，「威強電董總涉內線交易，遭約談」，工商時報，2016年3月25日。

6. 台灣經濟新報資料庫。

7. 台灣證券交易所公開資訊觀測站。

8. 威強電工業電腦股份有限公司財務報告。

經典案例 永不妥協的集體訴訟

個案8　有關係就沒關係？──萬泰銀行掏空案

1. 丁國鈞，「涉超貸50億　許勝發只判罰金16萬」，壹周刊，2014年7月9日。

2. 太子汽車員工家屬部落格，「集團的盛衰」，2012年1月8日。
網址：http://d088159022.pixnet.net/blog/post/12245895-集團的盛衰

3. 林姿儀，「回顧2005年～2006年之台灣卡債風暴」，國政研究報告，2006年11月13日。

4. 林祝菁、張弘昌，「萬泰銀現金卡從救星變煞星」，今周刊，386期，102頁，2004年5月13日。

5. 高碩圻，「設立商業法院　提升競爭力」，工商時報，2015年3月27日。

6. 高鳳仙、趙昌平、陳健民、沈美真，2013，「專業法庭（院）執行成效之探討專案調查研究報告」，監察院。

7. 張欽、賴又嘉，「涉超貸50億　許勝發獲輕判6月」，蘋果日報，2014年7月8日。

8. 張國仁，「專業法庭是否必要　司法院全面檢討」，工商時報，2009年6月1日。

9. 許庭瑜，「中期：依投保法設專業法庭　長期：設專業法院保障投資」，工商時報，2015年3月27日。

10. 華英雄，「太子劣行另一章」，CA汽車鑑賞，309期，

22頁，2011年11月。

經典案例　五鬼搬運與金蟬脫殼

1. 蔣碩傑（1982），〈紓解工商業困境及恢復景氣途徑之商榷〉，《中央日報》，7月18-20日。該文亦收錄於《蔣碩傑先生時 集》第3章，頁29-48。

個案9　可以讓人剛減資完又私募的嗎？

1. 張明輝，「減資是毒藥？還是一帖被誤會的良藥？」，工商時報，2010年5月25日。

2. 黃琴雅，「大同經營權爭奪戰　史上最慘烈」，財訊雙週刊，366期，120頁，2011年2月17日。

3. 王珮華，「華映拖累　大同減資57%」，自由時報，2010年4月28日。

4. 沈美幸，「捍衛大同減資案　林蔚山哭了」，工商時報，2010年6月19日。

5. 王珮華，「大同減資陰謀論　要稀釋二房股份？」，自由時報，2010年5月3日。

6. 蕭君暉、王皓正，「大同經營權爭奪戰主要勢力及持股狀況分析」，經濟日報，2008年3月28日。

7. 李靚慧，「大同未向大同大學追償股東不滿」，自由時報，2013年6月24日。

8. 蕭文康，「林挺生出殯　大同內鬥起」，蘋果日報，

2006年7月23日。

9. 吳孟道，「金管會從嚴控管私募之評析」，國政分析，2010年8月23日。

10. 劉軒彤，「大同坐擁45萬坪資產搏翻身　林蔚山夫婦經營能力出了什麼問題」，先探投資週刊，1643期，2011年10月15日。

11. 李宜儒，「大同減資案過關　股價驚殺跌停」，蘋果日報，2011年1月18日。

12. 熊毅晰，「坐在黃金堆上的乞丐」，天下雜誌，466期，66頁，2011年2月23日。

13. 陳懿勝，「涉掏空大同17億，台高院判林蔚山續任董事」，大紀元，2015年7月20日。

14. 台灣經濟新報資料庫。

15. 大同公司財務報告。

鄉民提問　企業常見的美化財報手法——資產負債表篇

個案10　一場未完成的合併案
——台新金與彰銀的拖棚歹戲

1. 刁曼蓬，「彰銀併台新金之爭／財政部聯合小股東，大勝台新金」，天下雜誌，2014年12月10日。網址：http://www.cw.com.tw/article/article.action？id=5062998

2. 林文義、廖君雅，「吳東亮血淚控訴365億只買到3張

紙」，財訊雙週刊，464期，74頁，2014年11月20日。

3. 財政部，「彰銀董事改選懶人包」。

4. 洪淑珍，「吳東亮豪賭三六五億　值不值得？」，天下雜誌，328期，2005年8月1日。

5. 約翰之聲，「不准台新併彰銀　一次毀了兩間銀行和台灣名聲，財政部真是無能者的典範」，財經異言堂，商業周刊，2014年12月13日。網址：http://www.businessweekly.com.tw/KBlogArticle.aspx？id=10411

6. 張翔一，「台新併彰銀　二次金改歹戲拖棚？」，天下雜誌，411期，88頁，2008年12月3日。

7. 黃楓婷，「台新金大動作反擊　財政部彰銀懶人包　求償150億」，東森新聞雲，2015年10月22日。

9. 楊筱筠，「彰銀案／台新金狀告財部滿恐長期抗戰」，聯合報，2015年11月18日。

9. 廖珮君、朱漢崙，「彰銀GDR案無限期暫緩」，蘋果日報，2005年5月7日。

10. 彰銀工會，「抗戰9年傳捷報　財政部號召全民取回彰銀經營權」，全國金融業工會聯合總會聯合會訊，168期，2014年12月15日。

11. 劉俞青，「公開標案變弊案　政治口水淹沒真相」，今周刊，784期，48頁，2012年1月2日。

12. 維基百科，「臺灣金融改革」。

13. 台灣經濟新報資料庫。

14.台新金控、彰化銀行財務報告。

經典案例 第一金控發行GDR疑雲

1.胡采蘋,「第一金GDR突破唱衰聲成交」,商業周刊,819期,48頁,2003年8月4日。

2.金融業務統計輯要:金融統計月報。

3.楊麗君,「陳建隆搶第一,闖出漏子」,遠見雜誌,207期,2003年9月。

4.蒙志強,「第一銀行GDR圖利記」,國政評論,29期,2004年11月29日。網址:http://old.npf.org.tw/PUBLICATION/FM/093/FM-C-093-160.htm

個案 11 進軍國際的黃粱一夢──歌林啓示錄

1.盧麗玉,「聯手Syntax Olevia品牌晉身北美前五大」,今周刊,477期,2006年2月8日。

2.劉萍,「從1億到100億元的駿林傳奇」,理財周刊,304期,2006年6月22日。

3.林宏文、陳仲興,「從卡奴到全球液晶電視品牌創辦人」,今周刊,533期,2007年3月19日。

4.陳梅英,「OLEVIA擠進北美前十大」,自由時報,2007年1月14日。

5.曠文琪、胡釗維,「被訂單沖昏頭還是要賭下去3大錯誤,讓歌林轉型美夢變套牢惡夢」,商業周刊,

1078期，50頁，2008年7月21日。

6. 方順逸、陳惠玲，「歌林——夢醒時分」，貨幣觀測與信用評等，74期，75頁2008年11月。

7. 侯柏青、黃馨儀，「掏空歌林92億，前董座起訴」，蘋果日報，2010年4月15日。

8. 台灣證券交易所公開資訊觀測站。

9. 歌林股份有限公司財務報告。

鄉民提問 企業常見的美化財報手法——損益表篇

個案12 你好胖，我好怕！
　　　　——基因國際的現代金錢啟示錄

1. 大元哥，パン達人（胖達人）手感烘焙添加人工香精事件懶人包，2013年8月31日。網址：http://dagg.tw/2013-08-31-225/

2. 尚清林，「胖達人變騙達人扯出炒股疑雲」，財訊雙週刊，第432期，36頁，2013年8月29日。

3. 林宏文，「一個超完美炒作案——拆解胖達人背後的投資風險」，數位時代，2013年8月28日。網址：http://www.bnext.com.tw/article/view/id/29087

4. 許雅華，2015，「內線交易重大影響股票價格消息之認定」，證券暨期貨月刊，33卷8期，23-29頁。

5. 創業家網誌，「胖達人事件簿」，2013年8月27日。網

址：http://sunchat.net/？p=1874

6. 鄧麗萍，「一塊麵包背後的金錢遊戲」，商業周刊，第 1345期，54頁，2013年9月2日。

7. 臺灣臺北地方法院，103年度金訴字第103年度金訴字第4號被告徐洵平等人被訴違反證券交易法案新聞稿。

8. 台灣證券交易所公開資訊觀測站。

9. 基因國際生醫股份有限公司財務報告。

鄉民提問 內線交易到底是利大罪輕，還是利不及罪？

1. 林孟皇，「99新修正內線交　構成要件的解析與因應之道」，新修證交法防範內線交易座談會，2010年8月31日。

2. 賴英照，2007，「賴英照說法」，聯經出版社。

個案 13 限制型股票是激勵員工，還是另類的高層自肥？

1. 王郁倫，「宏碁大咖　限制型股票入袋」，蘋果日報，2015年9月28日。

2. 梅文欣，「員工獎酬新工具 —— 限制型股票」，2012年4月9日。網址：http://www.is-law.com/post/1/833

3. 黃曉雯，「員工獎酬新亮點 —— 限制員工權利新股」，會計研究月刊，第318期，59頁，2012年5月1日。

4. 張建中，「限制型股票留才，科技廠大不同」，中央通

訊社，2013年3月3日。

5.熊毅晰，「老闆勇敢加薪吧！」天下雜誌，第539期，92頁，2014年6月11日。

6.楊哲夫，2012，「淺談『限制員工權 新股』制 」，證券暨期貨月刊，30卷6期，5-16頁。

7.羅文美，「員工股票獎酬制度介紹」。網址：http://www.leetsai.com/fyi/front/bin/ptdetail.phtml？Part=COL-C-00036

8.臺灣證券交易所，「限制員工權利新股適用疑義問答」。

鄉民提問 上市櫃公司董事長兼總經理好不好？

1.高佳菁，「權力緊抓 上市櫃498家董總同1人」，蘋果日報，2015年8月22日。

www.booklife.com.tw　　　　　　　　　reader@mail.eurasian.com.tw

財經　051

公司的品格2
從本地個案看懂台灣公司治理，拆解上市櫃公司地雷

作　　　者／李華驎、孔繁華
發 行 人／簡志忠
出 版 者／先覺出版股份有限公司
地　　　址／台北市南京東路四段50號6樓之1
電　　　話／（02）2579-6600・2579-8800・2570-3939
傳　　　真／（02）2579-0338・2577-3220・2570-3636
總 編 輯／陳秋月
主　　　編／莊淑涵
專案企劃／賴真真
責任編輯／鍾旻錦
校　　　對／莊淑涵・鍾旻錦
美術編輯／李家宜
行銷企畫／吳幸芳・荊晟庭
印務統籌／劉鳳剛・高榮祥
監　　　印／高榮祥
排　　　版／杜易蓉
經 銷 商／叩應股份有限公司
郵撥帳號／ 18707239
法律顧問／圓神出版事業機構法律顧問　蕭雄淋律師
印　　　刷／祥峯印刷廠
2016年11月　初版
2022年8月　11刷

「沒有品格，公司治理只完成一半」，很多台灣企業在心態上都只是扮演著被動的法規遵循者，只要評鑑能得到高分與好排名，便認為這樣已算是實踐公司治理，也盡到該盡的責任。然而，企業要落實公司治理唯有形塑企業文化、價值與操守，內化為品格內涵。忽視公司品格之養成恐生更多的危機企業。

—— 《公司的品格2》

◆ **很喜歡這本書，很想要分享**

圓神書活網線上提供團購優惠，
或洽讀者服務部 02-2579-6600。

◆ **美好生活的提案家，期待為您服務**

圓神書活網 www.Booklife.com.tw
非會員歡迎體驗優惠，會員獨享累計福利！

國家圖書館出版品預行編目資料

公司的品格2：從本地個案看懂臺灣公司治理，拆解上市櫃公司地雷／李華驎，孔繁華 著 -- 初版 -- 臺北市：先覺，2016.11
304 面；14.8×20.8公分 --（財經；51）

ISBN 978-986-134-288-7（平裝）
1. 組織管理

494.2   105018133